数码摄影与短视频拍摄

零基础一本通

 千知影像学院　编著

人民邮电出版社
北京

图书在版编目（ＣＩＰ）数据

数码摄影与短视频拍摄零基础一本通 / 千知影像学院编著. -- 北京 ：人民邮电出版社，2024.6
ISBN 978-7-115-63538-9

Ⅰ．①数… Ⅱ．①千… Ⅲ．①数字照相机－摄影技术②视频制作 Ⅳ．①TB86②J41③TN948.4

中国国家版本馆CIP数据核字(2024)第016592号

内 容 提 要

本书是针对数码摄影与短视频拍摄的零基础教程，主要内容包括摄影构图知识与技巧，摄影用光的技巧，摄影的色彩运用，视频的基本概念，常用的短视频拍摄设备，提升视频表现力的技巧，一般镜头、运动镜头与镜头组接的运用技巧，以及短视频的策划与构思等。

本书内容丰富，涵盖了数码摄影与短视频拍摄等内容，适合广大摄影爱好者、对短视频感兴趣的内容创作者，以及想要提升短视频质量并且吸引更多粉丝关注的达人、博主等参考阅读。

◆ 编　著　千知影像学院
责任编辑　胡　岩
责任印制　周昇亮

◆ 人民邮电出版社出版发行　北京市丰台区成寿寺路 11 号
邮编　100164　电子邮件　315@ptpress.com.cn
网址　https://www.ptpress.com.cn
涿州市般润文化传播有限公司印刷

◆ 开本：880×1230　1/32
印张：4.5　　　　　　2024 年 6 月第 1 版
字数：191 千字　　　2024 年 11 月河北第 2 次印刷

定价：39.80 元

读者服务热线：(010)81055296　印装质量热线：(010)81055316
反盗版热线：(010)81055315
广告经营许可证：京东市监广登字 20170147 号

前言

　　科技决定影像的时代来临，低成本的摄影器材使人们可以随时随地拍摄照片和视频，智能手机的普及更是使得人们不仅可以拍摄出高达几千万像素的影像，也能创作出画质细腻的短视频。因此，全民影像创作已经不再是遥不可及的奢望。

　　影像创作最重要的两个领域就是摄影和视频创作，而这两个领域的创作又是相通的，都需要掌握基本的器材和理论知识并应用。

　　本书首先讲解摄影创作中最重要的构图、用光和色彩相关的理论知识，这部分理论知识对于短视频创作同样适用；之后对短视频创作相关的器材和运镜知识等进行了详细介绍；最后分享了热门短视频的策划与构思方法。通过对本书的学习，读者可以掌握摄影和短视频创作两方面的技术与技巧。

　　如果读者在学习本书的过程中发现有欠妥之处，或是对数码后期处理等知识点有进一步学习的需求，可以与我们（微信号：381153438）进行沟通和交流，还可以关注我们的微信公众号 shenduxingshe（千知摄影），或者关注百度百家号"摄影师郑志强"，学习更多的知识。

目录

第2章
实拍中用光的技巧 037

第3章
摄影中的色彩运用 ·············· **053**

第4章
视频的基本概念 ·············· **064**

第5章

短视频的拍摄设备 ⋯⋯⋯⋯⋯⋯⋯⋯⋯⋯⋯⋯⋯ **075**

第6章

简单几招，提升视频表现力 ⋯⋯⋯⋯⋯⋯⋯⋯⋯ **096**

第1章

摄影构图的基础知识、技巧与经验

摄影是一门艺术，只掌握熟练的相机操作技术是远远不够的，要让照片好看起来，还需要掌握构图、光影及色彩等方面的美学知识。

本章中，我们将介绍与构图相关的知识、技巧和经验。

1.1 构图的概念与构图元素

"构图"就是摄影者为了表现摄影作品的主题和艺术效果，通过调整拍摄角度、相机横竖方位、拍照姿势等因素，安排和处理所拍摄画面中各元素的关系和位置，使画面中的各元素组成结构合理的整体，并表达出画面的艺术气息。

即使是同一拍摄对象，由于摄影者有不同的摄影角度和创作手法，因而会采用不同的构图方法，拍出来的作品都会有不同的视觉效果。

这个过程需要摄影师将技术手段与自己的审美相结合来实现，具体来说就是要把场景中的主要对象，如人物、动物、事件冲突等提炼出来重点表现；而将那些起干扰作用的线条、图案、形状等进行弱化，最终获得重点突出、主题鲜明的画面布局和呈现效果。

对于一张构图元素比较完整的照片来说，从构图的角度分析，其构成元素往往会包括以下5种。

第一种是主体，也就是画面要着重表现的对象，上图中的人物就是该画面的主体；第二种是画面的陪体，陪体作为主体的陪衬物出现，图中雨伞便是陪体之一；第三种是前景，前景是指出现在主体之前的景物，对画面起到一定的修饰作用，图中右下角的叶子便是前景；第四种是画面的背景，背景是指在拍摄主体及陪体等之后的部分，它的作用也比较多，例如可以用于烘托画面的氛围，对画面的主体及陪体等起到修饰作用，还可以交代画面所处的环境、时间等信息；第五种是留白，是指画面中空白的部分，可以留出让视线休憩的空间，用于强化和渲染画面的氛围

1.2 优秀摄影作品的特点

1.2.1 主题鲜明

好的摄影作品应该有非常鲜明的主题，这样画面才会给人更深层次的享受。如果主题不鲜明，画面就会乏味枯燥。

主题与主体的区别：两者都是构图的概念，以电影为例，电影所反映的中心思想就是主题，照片也是如此；而电影的主人公，则是主体。通过塑造主体的表现力，可以让作品主题更加鲜明。如果主题不鲜明，无论影视作品还是照片，视觉效果都会枯燥乏味。

> **小贴士**
>
> 需要注意的是，主题是一张照片必不可少的重要元素，而主体则不一样。虽然绝大多数照片都有主体，但也有一些照片就如同纪录片那样，可能没有明确的主体对象，有的只是作为视觉落脚点的视觉中心，即通常对焦点所在位置。

照片表现的是加拿大班夫
国家公园的梦莲湖，画面
整体色调低沉冷清，塑造
了高山雪地的自然美景

照片表现了欧陆自然风
情，借助对称式构图，
让画面显得非常漂亮

1.2.2　主体突出

对于摄影作品，除主题要鲜明外，包含明显主体的画面也应当尽量突出主
体，让画面有清晰的视觉落脚点，从而主次分明，更有秩序感，不会给人枯燥
乏味的感觉。要突出主体，最简单的办法是让主体占据画面中足够大的面积。

拍摄人像时，特写是
最利于突出主体的一
种构图方式。但拍摄
特写画面时，一定要
控制好边缘的裁切位
置，不要出现画面边
缘切割了人物关节的
问题，否则会让画面
显得残缺不完整

将人物放在画面的三分线或九宫格交叉线上，既能突出人物，又能让画面整体协调、富有美感。

右图所示的照片就是如此，人物所占画面的面积虽然不是很大，但位于三分线上，而眼睛则位于九宫格的交叉点上，使得人物醒目突出，眼睛位置则是画面的核心部分

左图所示的照片，包括背景在内都是植物的色彩，明暗相差也不大，即画面本身整体的色调是很干净的，因而这种干净的背景和场景元素让作为主体的长城敌楼显得醒目和突出。另外需要说一点，这张照片为了避免因为过于干净而使画面显得单调，因而纳入了云海这种特殊气象的效果，不但丰富了画面内容，也提升了画面的表现力

1.2.3　画面干净

凌乱的画面与干净的画面哪一种会给人更好的感受？非常明显，凌乱的画面会让人产生烦躁的感觉，让人不愿意再去看第二眼；而干净、主次分明、有秩序感的画面则会给人非常舒适的感觉，画面自然会更加耐看。所以好的摄影作品一定要有非常干净的画面。

照片的场景并不算特别干净，因为画面中存在大量杂乱的树枝及斑驳的光影。但借助较大的光圈与长焦镜头，让背景得到了大幅度的虚化，使得杂乱的光影和干扰枝条被压缩、虚化，从而有了非常干净的背景。背景色彩以红色为主色调，看上去杂色的干扰并不强，从而画面整体变得干净而有秩序感，整体给人一种非常舒适的视觉感受

直接拍摄是无法拍出如左图所示的如此干净的光影效果的，所以在后期时对画面的光影进行了重塑，让画面变得干净起来。上图中标记√的位置表示该区域进行了提亮，标记×的位置表示该区域进行了压暗

1.2.4　表现力强

　　好的摄影作品并不是随手可得的，并不是说我们看到一个场景感觉好就简单、粗暴地直接拍摄就行，那样是不可能拍出好的摄影作品的。实际上，绝大多数好的摄影作品，在拍摄对象选择方面也有一定要求。同样是拍摄现代化的城市风光，如果我们选择的只是普通的居民楼、普通的写字楼，那么无论如何拍摄，你都不太容易将现代化的气息表现得淋漓尽致。所以要让画面表现力变强，非常重要的环节是选择更具表现力的对象。

这张照片选择了北京一些颇具代表性的、造型非常独特的建筑作为主体，并且以水平线构图的方式让这些建筑一字排开，使画面具有更强的表现力

1.3 画面景别的选择

景别的说法源于电影摄像领域，是指取景画面的范围，具体包括远景、全景、中景及特写等。

1.3.1 远景

远景这种说法最早来源于电影领域，在拍摄某个场景时，往往会以远景的视角将整个环境的地貌、时间及活动信息交代出来。在摄影创作当中，也同样如此。

如左图所示，利用远景表现出了山体所在环境的信息，将天气、时间等信息交代得非常完整

这张照片是利用远景来呈现赛里木湖湖畔的美景。画面中草原、水景、远处的山景等都交代得非常完整，非常理想

1.3.2　全景

　　全景是常用于表现人物全身的视角。以较大视角呈现人物的体型、动作、衣着打扮等信息。虽然全景对人物表情、动作等细节的表现力可能稍有欠缺，但胜在全面，能以一个画面将各种信息交代得比较清楚。

这张照片以全景呈现人物，将人物身材、衣着打扮、动作表情等都交代了出来，信息比较完整，给人的感觉比较好

　　全景在摄影中还被扩展应用以得到超大视角的、接近于远景的画面效果。要得到这种全景画面，需要进行多素材的接片。

前期要使用相机对着该场景局部持续地拍摄大量的素材，最终将这些素材拼接起来得到超大视角的画面，这也是全景的一种表现形式

1.3.3 中景

中景是在取景时主要表现人物腿部以上部分的景别，包括七分身、五分身等在内的构图选择，都可以称为中景。使用中景表现画面时要注意一个问题，取景时不能切割到人物的关节，比如胯部、膝盖、肘部、脚踝等部位，否则画面会给人一种残缺感，使得构图不完整。

这张照片就是摄取人物膝盖以上部分的画面

在拍摄中景时，在构图上应尽量避免背景太过复杂，而应使画面简洁。一般多用长焦镜头或者大光圈镜头拍摄，利用小景深把背景虚化掉，使得拍摄主体成为观众的目光焦点。中景景别在表现恢宏的气势和广袤的场景时效果欠佳，但是其对细节的刻画和表现力是全景及远景所无法比拟的。

中景的画面

拍摄中景的人像画面时，人物的动作一定要有所设计，要有表现力。除人物的动作设计外，还要兼顾人物的表情，即中景人像的人物表情不能过于随意。

1.3.4 特写

特写是指拍摄人像的面部、局部的景别。特写镜头能表现人物细微的情绪变化，揭示人物心灵瞬间的动向，使观众在视觉和心理上受到强烈的感染。特写人像无法表现人物的肢体动作，可能只会拍到人物肢体的局部，比如手、手臂等。但是由于特写的拍摄距离非常近，所以能够非常直观地表现人物的面部表情、五官的精致程度和情绪情感等。

中景相较于全景，对人物肢体动作的表现力要求更高

这张照片对人物面部进行特写，人物的五官状态、眼神情绪等都表现得淋漓尽致，至于手部、上臂等位置的表现则稍有欠缺

有时候，我们还会以特写视角来表现人物、动物或其他拍摄对象的重点部位，此时更多呈现的是重点部位的细节和特色。

1.4 照片横与竖的选择

这张照片表现的就是山魈面部的细节和轮廓

画幅分为横画幅与竖画幅，所谓横画幅与竖画幅是指拍摄时使用横构图拍摄还是竖构图拍摄。横拍主要用于风光摄影等题材，能够兼顾更多水平景物。由于人眼视物时视线是从左向右或从右向左移动的，相当于在水平方向上左右移动，所以横幅拍摄更容易兼顾地面上的场景对象，更易于表现出强烈的环境感与氛围感。竖拍也称为直幅拍摄，使用这种拍摄方式时，画面的上下两部分的空间更具延展性，更有利于表现单独的主体对象，比如说单独的树木、单独的建筑或山体等等，能够强调主体自身的表现力。

人眼所见的景物大多是水平方向上左右分布的，自上而下分布的景物一般都没有太多的环境感，所以使用横幅拍摄更利于交代拍摄环境。

这张照片就是使用横画幅拍摄的，可以看到道路左侧有很多摄影师和三脚架，远处有一些村落、丘陵等景物，二者结合交代了人物所处的环境，整体的场景以及周边的人物共同营造出了摄影师创作的环境感，渲染了特定的创作氛围。可以设想一下，如果采用竖幅（直幅）拍摄，那么画面所截取的范围内就将只有人物，画面两侧区域会变窄，导致无法渲染或交代人物所处的环境和状态

这是在阿斯哈图石林拍摄的一张延时照片。岩石本身并不是特别高大，但是采用竖幅的方式进行拍摄弱化了周边环境带来的干扰，使岩石自身的形状、纹理以及高度得到强化，并且还借助于延时摄影自身的表现力提升了画面的表现力，这也是竖幅构图的优势

构图横竖的选择并不简单，尤其是在拍摄人像时。通常情况下，拍摄人像写真时更多的是侧重于强调人物自身的面部表情、肢体动作以及身材线条，这样的话，就需要弱化环境带来的干扰，因而竖构图是更理想的选择。

借助竖构图弱化了环境的干扰，突出了人物自身的形象，使得人物的表情和动作更加醒目地凸显出来。从这个角度来说，人像写真拍摄时更多使用的是竖构图是不无道理的当前比较主流的照片长宽比有 3:2、4:3、1:1、16:9、3:1 等，不同的长宽比适合表现的照片题材以及给人的视觉和心理感受是不同的。

1:1 比例

从摄影发展来说，1:1 是比较早的画幅形式，其主要来源于大画幅相机 6:6 的比例。后来随着 3:2 及 4:3 长宽比的兴起，1:1 这种比例形式逐渐变得少见。但对于那些习惯使用大中画幅相机拍摄的用户来说，1:1 的比例仍然是他们的最爱。当前许多摄影爱好者为了追求复古的效果，也会尝试 1:1 的画幅比例形式。

在强调明显的主体对象时，1:1 的方画幅比例是非常理想的，有利于强化主体对象并兼顾一定的环境信息

3:2 比例

其实，1:1 的画幅比例远比 3:2 的画幅比例来得历史悠久，但后者在近年来却几乎"一统江湖"，这说明 3:2 这种画幅比例形式是具有明显优点的。3:2 画幅比例最初起源于 35mm 电影胶卷，当时徕卡镜头成像圈直径是 44mm，在其中内接一个矩形，长约为 36mm，宽约为 24mm，即长宽比为 3:2。由于徕卡镜头在业内是主流选择，几乎就是相机镜头的代名词，因此这种画幅比例自然就更容易被业内人士接受。

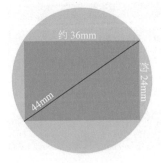

绿色圆为成像圈，中间的矩形长宽比为 36:24，即 3:2。虽然 3:2 的比例并不是徕卡有意为之，但这个比例更接近黄金比例却是不争的事实。这个美丽的误会，也成了 3:2 画幅比能够被广泛运用的另外一个主要原因

从中可以看出，这种长宽比更接近
于当前照片主流的 3:2 的比例。即
便是在照片内部，也可通过对画面
进行划分（如黄金分割、三等分等）
来安排主体的位置。这样既可以让
主体变得醒目，又能符合天然的审
美规律

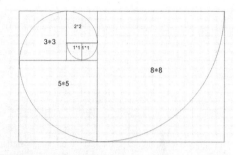

在当前消费级数
码相机领域，
3:2 是绝对的主
流，无论是用佳
能、尼康相机，
还是索尼相机，
拍摄的照片的
常见长宽比都是
3:2 的

4:3 比例

　　4:3 也是一种历史悠久的画幅比例形式。早在 20 世纪 50 年代，美国就曾
经将这种比例作为电视画面的标准。这种画幅比例能够以更经济的尺寸，展现
更多的内容，因为相比 3:2 及 16:9 比例来说，这种比例更接近圆形。

4:3 画幅长宽比具有悠久的历史，所以时
至今日，奥林巴斯等相机厂商，仍然生产
4.3 画幅比例的相机，并且也仍然拥有一
定数量的拥趸。毕竟曾经数十年作为电视
画面的标准比例，所以用户在看到 4:3 的
比例照片时，并不会感到特别奇怪，依然
能够欣然接受

其实，4：3 的画面比例在塑造单独的被摄体形象时会具有天然的优势。它可以裁掉左右两侧过大的空白区域，让画面显得更紧凑，让人物显得更突出。

4：3 比例的画面适合用于表现单独的个体

1.5.2　16：9 与 18：9 的画幅比例

16：9 比例

　　我们可以认为 16：9 是宽屏系列的代表，除此之外，还有比例更大的 3：1 等。

　　人眼是左右分布的结构，在视物时，习惯于从左向右、而非上下观察。所以一些显示设备比较适合采用宽幅的形式进行显

人眼左右视物

示。以电脑显示器、手机显示屏等为主的硬件厂商，发现 16：9 的宽屏比例，更符合人眼视觉习惯，并可以与全高清的 1920×1080 分辨率相适应，因此开始大力推进 16：9 的屏幕比例的应用。

16：9 长宽比的照片，往往会让人有看电影屏幕的感觉

18：9 比例

当前的手机画幅主要形式为 18：9，即 2：1 的长宽比。2：1 的长宽比不一定能够从最大性能上发挥手机的像素优势，比如某款手机的摄像头像素为 1200 万，而实际上的长宽比是 4：3，即长边是 4000 像素，宽边是 3000 像素，两者相乘得到 1200 万像素，因此只有以 4：3 的比例拍摄才能够得到最大像素比例的照片。而如果以 18：9（即符合手机屏幕长宽比的比例）来拍摄，虽然能够得

到 18：9 的长宽比的照片，但实际上会相应地裁掉照片的两个宽边的部分像素。也就是说，以 18：9 的比例拍摄的照片实际上像素不足 1200 万，因为虽然长边仍然是 4000 像素，但宽边的像素实际上被减少了，因而总像素要少于 1200 万，因此无法呈现照片的最优画质。

用 18：9 的比例拍摄的瀑布，高度表现得非常好，但实际上却是裁掉了画面两边的部分像素

1.5.3　2.35：1 的画幅比例

在处理照片时，我们可以通过模拟电影画面的效果，让照片整体呈现出更好的感觉。

但我们要注意一点，真正的电影画面的长宽比并不是 16：9，当前我们在影院看到的电影画面应该是 2.35：1 的画面比例。这就会导致电影画面投影在 16：9 的屏幕上时，上下各有一条黑边。很多时候，这些黑边被用于投放字幕，所以我们看到的电影很多都是字幕位于下方的黑边上的。

正在前往白色房子的路上

电影画面截图

1.6 拍摄视角高低的选择

1.6.1 平拍的特点及画面控制

　　角度的仰俯是指拍摄机位与水平线的夹角。在拍摄时，如果相机镜头的朝向向上且与水平面有一定夹角则表示仰拍；而相机镜头的朝向与水平面平行则表示平拍；相机镜头的朝向向下且与水平面有一定夹角则表示俯拍。不同角度拍摄的照片有不同的特点，也会带来不同的视觉感受。

　　平拍的画面更接近人眼视物的视角，能够让画面看起来非常自然。但是平拍画面要想让照片有更好的表现力，往往需要依靠所拍摄的场景自身的表现力，如果所拍的景物表现力不够好，那么平拍的照片效果也不会特别理想。总的来说，平拍的优势是画面非常自然，缺陷是画面的冲击效果不够。

这个画面虽然视角一般，但景足够好，画面就具有很强的表现力，并且画面看起来非常自然

024

1.6.2　俯拍的画面特点及控制

　　俯拍是借助于高度，让人眼以及相机可以纳入更多远处的景物的视角。俯拍能够在同一个画面中表现出更多景物，适合风光摄影类题材的创作。需要说明的一点是，如果采用航拍的方式进行拍摄，就可以得到"上帝视角"的照片，将日常生活中无法观察到的场景在照片中呈现，给人一种完全不同的视觉感受。

利用无人机俯
拍的风光画面

1.6.3　仰拍的画面特点及控制

　　仰拍适合采用竖构图的方式进行拍摄，用于强化景物的自身高度。采用仰拍的方式拍摄现代化的大桥，就能够将大桥的气势和高度呈现出来。有时候采用接近于垂直的角度拍摄建筑物、树木、山体等这类单独的对象，能够将拍摄对象表现得高大雄伟、更有气势，使画面给人一种压迫式的眩晕感觉。

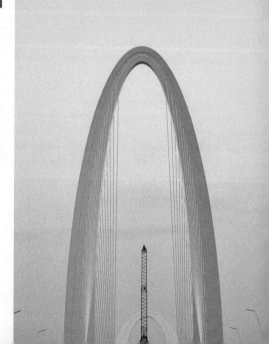

仰拍的画面，强调对象的高大

仰拍的密林，营造出一种强冲击力的画面效果

如果在密林当中进行仰拍，则可以营造出一种放射式的构图效果，画面的表现力会非常强烈，让人产生眩晕感。当然，要想使用仰拍方式营造放射性的感觉，往往需要借助超广角镜头。一般来说，20毫米以下的镜头焦距才能拍摄出这种效果；如果镜头焦距不能满足这样的条件，就无法拍摄出眩晕效果。

另外，在拍摄人像时如果采用仰拍的方式，则可以使人物显得更加高挑，而俯拍则会起到相反的效果。当然如果是近距离俯拍则可以拍摄出瓜子脸的效果。

仰拍人物，让人物显得高挑

1.7 摄影创作中的透视关系

1.7.1 几何透视

在传统的构图理念中，对于透视的解释是比较简单的，主要涉及几何透视与影调透视两个方面。通过介绍透视的概念，就能理解几何透视和影调透视。

　　将远处看到的景象投影到近处的一片玻璃上
或是一个平面上，使得远处景象的几何关系、明
暗关系等都映射在这片玻璃（平面）上，以呈现
远处景象的几何关系与影调关系。实际上，这片
玻璃（平面）也可以被认为是成像平面，这个成
像平面的效果最终显示在相机的底片上，这便是
透视在相机中成像的体现。相机的位置实际上也
是人眼观察的位置，我们观察到的景象在相机中
成像，最终会实现人眼观察与相机拍摄的画面效
果的统一。

　　我们看一张照片时，看到的景物往往是近处的非
常大，而远处的非常小，这种近大远小的几何关系其
实就是透视关系，是一种比较明显的几何透视体现。

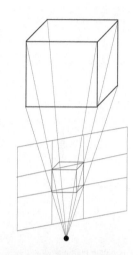

几何透视的示意图

这张照片中，近处的建筑非常庞大，
而远处的建筑尽管实际上也很庞大，
但在成像画面中却显得比较小。远处
的建筑与近处的建筑形成了几何关系
的对比，从而呈现出空间感，几何关
系的变化就是透视的体现

由于变换了拍摄焦段，这张照片使得
我们看到的近处景物与远处景物的几
何变换关系不是特别明显。这是由于
几何透视关系的变化所导致的，虽然
不是特别明显，但仍然存在。近处的
鹿与远处的树还是有一定的几何透视
变化，只是透视效果呈现得不再强烈

1.7.2 影调透视

    影调透视是指我们看到眼前的场景时，近处的景物总是非常清晰，而远处的景物则像蒙上了一层薄雾、显得有些朦胧的效果。这种近处清晰、远处朦胧的状态并不是景物本身的实际状态，比如我们看到的近处景物非常清晰，但当我们移动到远处时，会发现曾经是远处的景物此时依然会非常清晰地呈现在相机底片上或是人眼中。拍摄画面中这种近处清晰、远处朦胧的状态，即可称为影调透视（空气透视），它是由于空气或物体的阻挡产生的一种透视变化。如果处于晨雾笼罩的环境中进行拍摄的话，那么近处清晰、远处若隐若现的效果会更加明显。

这张照片中，近处的栈桥非常清晰，而远处的古塔和山峰则非常朦胧，仿佛被笼罩了一层薄纱，这便是比较符合透视规律的画面

这张照片中，近处的树木非常清晰，秋天的色彩非常鲜艳，影调也非常明显，但远处的景物就稍显朦胧，清晰度随之下降，从而符合透视规律。这种影调透视规律的变化会让我们感觉照片是符合自然规律的

1.8 黄金构图

1.8.1 黄金法则

　　古希腊学者毕达哥拉斯发现，将一条线段分成两份，其中，当较短的线段与较长的段之比为 0.618 : 1 时，能够让这条线段看起来更加具有美感；并且，较长的段与这两条线段之和的比率也为 0.618 : 1，这是很奇妙的。而切割线段的点，也可以称为黄金分割点，应用到摄影领域则称为黄金构图点。

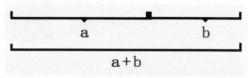

b : a=0.618 : 1；a : (a+b) =0.618 : 1

在摄影领域，将重要景物（即视觉中心）放在照片长边的黄金构图点上是非常好的选择，这会让主体对象既醒目突出又协调自然

　　在长宽比为 3 : 2 的画面内，连接其中的一条对角线，然后由另一个角向这条对角线引一条垂线，那么垂足位置就是黄金构图点，这是黄金构图法则另外一种表现形式。

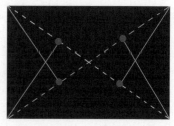

通常情况下，如果在拍摄照片时将要重点表现的对象放在黄金构图点上，能起到突出和强化主体的效果，并且画面整体还能给人非常协调自然、富有美感的感觉。从这个角度来说，在 3 : 2 长宽比的画面中，这样的构图点会有 4 个

这张照片中，正在进行摄影创作的人物
与游船出现在了画面右下方的黄金构图
点上，显得非常醒目，而画面则协调、
自然、富有美感

在实际的拍摄中，可以采用一种更为简单、直接的方式来进行构图：我们
用线段将照片画面的长边和高边分别进行三等分，就会得到比较接近黄金螺旋
线中的黄金比例点的交叉点，将主体置于三等分的交叉点上，会有很好的效
果。我们可以将这种方式称为三分法构图。在具体的实拍中，主体景物要放在
哪个构图点上，可以根据现场的实际情况灵活应用。

其实所谓的三分法特别简单，在一张照片中，无论是从上到下进行三分，
还是从左到右进行三分，都是比较典型的三分法。并且三分时，可能天空部分
占据绝大多数面积，也可能是地面部分占据更大面积，这往往都需要根据景物
的实际分布来具体安排和构图。

这张照片中，画面整体给人非常协调、非常舒适的感觉，并且主体也比较突出。能有这种
画面效果的原因其实我们通过线条图来进行分析就能直观地感受到。通过对画面进行三分
切割，可以看到画面中的两片山体部分分别位于左下和右上的两个三分交叉点（也就是黄
金构图点）上，所以这张照片的效果非常理想

　　实际构图时，还可以直接将照片中的景物按照三分的方式进行构图和布局。比如将天际线放在三分线的位置，将天空与地面景物按照三分的方式安排，画面往往都会有不错的视觉效果。这是因为三分法作为黄金分割法的延伸，分割出的画面效果也是符合美学规律的，看起来比较协调、自然。唯一需要注意的是应将画面主体放在画面上三分之一处还是下三分之一处。

这张照片中天空中存在维纳斯带，显得非常漂亮，其暖色调与下方的冷色调形成了冷暖的对比。但实际上，如果仔细观察就会发现天空中缺乏云层，整体上看天空还是有一些表现乏力的问题。因此将表现的重点放在地景的长城和云雾上，画面整体的表现力会更好一些，不至于显得太过空洞，画面也不会给人不紧凑的感觉

这张照片中天空的占比比较大，约占画面的 2/3，这是因为天空中云层的表现力更强，还有天边偏暖的霞光的色彩，都要比水面的景物表现力好很多。所以采用下三分的构图方式进行画面切割，画面整体的表现力得到了更好的体现

这张照片的地景是古建筑，具有很好的表现力，但是因为画面的重点是古建筑在斗转星移的星轨下的效果，从而沧海桑田的变化。所以天空中的星轨才是表现的重点，需要留出更大的面积给它。也就是说，用三分之二的区域来表现天空的星轨，用三分之一的地景与之进行搭配，最终会取得非常好的效果。从示意图中可以看出，地景基本上占据了画面下三分之一的面积，而天空则占据了剩下的三分之二的比例

1.9 常见的对比构图

对比构图是指借助于景物之间的大小、远近、明暗、色彩等的差别进行对比，让景物之间的关系更加强烈和突出，从而营造戏剧化的效果，增强画面的故事感，使之变得更加耐看。常见的对比构图有大小对比构图、远近对比构图、明暗对比构图、色彩对比构图等。

以明暗对比构图为例，这种构图方式是指用阴影反衬受光部位。一般情况下，明暗对比构图强调的是受光照射的对象。明暗对比构图的最大优势是能够增强画面的视觉冲击力，使画面显得醒目和直观。

借助几乎纯黑的背景来衬托受光线照射的狼，使得狼的形象非常生动，表情、细节都呈现得非常好，从而得以把狼自身的特点完全表现了出来

这张照片本身采用了反向的明暗对比，用高亮的背光来刻画暗处的窗户图案和人物的肢体线条，最终也得到了非常好的效果

1.10 构图中的点与线

1.10.1 利用线条构图

曲线的作用在于调节画面的节奏，或者引导欣赏者的视线，也可以用于串联不同的主体。曲线是摄影中最常见的线条，是非常重要的构图元素之一，对曲线掌控的好坏直接关系到照片最终构图的成败。合理的曲线具有力量感和节奏感强的特点。

长城蜿蜒延伸的线条，引导观者视线的同时，更强化了画面的深度与空间感

1.10.2 点构图的位置

单点在构图中最重要的两个应用是它的位置及大小比例。通常来说，点的位置安排会关乎照片的成败。前面介绍过黄金构图法，那么最简单的技巧就是可以将主体放在黄金构图点上，或者可以放在九宫格的黄金分割点上，还可以放在三分线上，这些都是很好的选择。当然，还有其他一些位置可以选择，我们应根据场景的不同及主体自身的特点来进行安排。

这张照片中，将花朵置于画面左下方的构图点上，既突出、醒目，又符合构图法则和美学规律，画面看起来自然、和谐，给人美的感受

对角线构图是一种经典的构图方式，它通过明确地连接画面对角的线形关系，打破画面的平衡感，从而为画面提供活泼和运动的感觉，带来强烈的视觉冲击力。该构图法在体育运动、新闻纪实等题材中比较常用，而在风景和建筑摄影中，经常用来表现景物的局部，如建筑的边缘、山峦的一侧斜坡，或一段河流等。

采用对角线的构图方式表现建筑，让画面在肃穆中带有一些灵动

S形构图是指使画面主体呈类似于英文字母中S形状的构图方式。S形构图强调的是线条的力量，这种构图方式可以给欣赏者优美、活力、延伸感和空间感等视觉体验。一般欣赏者的视线会随着S形线条的延伸而移动，逐渐延展到画面边缘，并且由于画面透视特性的变化，会给人带来一种空间广袤无际的感觉。由此可见，S形构图多应用于广角镜头的拍摄中，这是由于此时拍摄视角较大，空间比较开阔，并且景物透视性能良好。

风光类题材是S形构图使用最多的场景之一，海岸线、山中曲折小道等多用S形构图表现

　　框景构图是指在进行取景时，将画面重点部位利用门框或是其他框景框出来，其关键在于将欣赏者的注意力引导到框景内的对象。这种构图方式的优点是可以使欣赏者产生跨过门框即进入画面现场的视觉感受。

　　与明暗对比构图类似，使用框景构图时，要注意曝光程度的控制。这是因为很多时候边框的亮度往往要暗于框内景物的亮度，并且明暗反差较大，这时就要注意可能会出现的框内景物曝光过度和边框曝光不足等问题。通常的处理方式是着重表现框内景物，使其曝光正常、自然，而对于会有一定程度曝光不足的边框，则要保留少许细节以能起到修饰和过渡作用。

框景构图，强
调远处的城楼

借助门缝作为框景

中国传统文化中，无论是建筑还是装饰图案，使用最多的艺术表现形式就是对称，产生均衡感的对称也是摄影中获得良好构图的重要原则之一。在对称构图中，各个部分是对称安排的，即各部分可以沿中轴线划分为大致对称的两部分。我们可以认为对称构图是在展现一种匀称状态，这种构图形式的基本特点是静止、典雅、严峻、平衡、稳重，是拍摄人物、建筑、图案等最为常用的手法。

借助倒影实现
的对称构图

C 形构图是指画面中主要的线条呈英文字母 C 的形状或景物沿着类似于字母 C 的形状进行分布。C 形线条相对来说比较简洁流畅，有利于在构图时做减法，让照片干净好看。C 形构图非常适合海岸线、湖泊拍摄时使用。

C 形构图拍摄
的湖泊水岸

第2章

实拍中用光的技巧

认识光线，对摄影来说是非常重要的。认识光线，把握好光线的特点和效果，是摄影爱好者必须掌握的基础技能。

2.1 光比

光线投射到景物上，暗部与亮部的受光比值，就是光比。这样说你可能会觉得抽象不易理解，其实我们可以简单地用反差来替代光比，这样就容易理解得多了。

2.1.1 大光比画面的特点及应用

我们总会听到一些摄影师说光比是多大，具体是几比几的值，这可以简单地理解为如果景物表面没有明暗的差别，那光比就是 1∶1；如果景物背光面与受光面反差很大，那光比可能是 1∶2、1∶4 不等。测量光比，我们可以使用专业的测光表进行，但对于大多数业余爱好者来说，用专业的测量工具还是有些麻烦和小题大做了。

其实我们可以用一种更简单的方法来确定光比，即用点测光测背光面确定一个曝光值，再测受光面的曝光值，如果两者相差 1EV，那光比就是 1∶2（因为 1EV 就表示曝光值差 1 倍）；如果两者相差 2EV，那光比就是 1∶4；然后以此类推……虽然看不到明确的曝光值，但在确定了光圈与感光度的前提下，我们可以根据快门速度的变化推导出光比的变化。

光比对于我们拍摄的最大意义是让我们知道场景的明暗反差到底是大还是小。反差大则画面视觉张力强；反差小则柔和恬静。

在摄影领域，大光比即意味着高反差，通常被称为硬调光场景，拍摄的照片自然是硬调的；小光比则意味着低反差，拍摄的照片是软调的。高反差画面会让人感觉刚强有力，低反差则会表现出柔和恬静的视觉感受。风光摄影和产品摄影中，采用高反差可以突出被摄体的特点和质感，低反差则有利于表现被摄体丰富的细节。

小贴士

人像摄影中，大光比（高反差）能更利于表现人物的性格。

大光比的照片

室内布光时，大光比的光线适合拍摄男性个性人像

2.1.2 小光比画面的特点及应用

小光比的场景，画面的影调层次可能不够丰富，但是，画面却可以很好地呈现出各部分景物的丰富细节。

小光比的风光画面，给人的感觉柔和、舒适

室内布光时，小光比的光线适合拍摄甜美人像，例如女性和儿童

 光的性质

2.2.1　直射光与画面特点

　　直射光是一种比较明显的光源，照射到被摄体上时会使其产生高光和阴影，并且这两个部分的明暗反差比较强烈。直射光有利于表现景物的立体感，以及勾画景物形状、轮廓、体积等，并且能够使画面产生明显的影调层次。

直射光示意图

　　严格来说，光线照射到被摄体上时，会产生高光、中间调和阴影三个区域。

　　（1）高光是指被摄体直接受光的部位，一般只占被摄体表面极少的部分。在高光位置，由于受到光线直接照射，亮度非常高，因此一般情况下肉眼可能无法很好地分辨物体表面的图像纹理及色彩表现。但是也正因为亮度极高，这部分往往是能够极大吸引观赏者注意力的部位。

　　（2）中间调是指介于高光和阴影之间的部位。在这部分，亮度正常，色彩和细节的表现也比较正常，欣赏者可以清晰地看到这些内容。该区域也是一幅照片中呈现信息最多的部分。

（3）阴影部位可以用于掩饰场景中影响构图的那些元素，从而使得画面整体显得简洁流畅。

直射光下的画面具有丰富的影调层次

2.2.2 散射光与画面特点

散射光也叫漫射光、软光，是指没有明显光源，光线没有特定方向的光线环境。散射光在被摄体上任何一个部位所产生的亮度和感觉几乎都是相同的，即使有差异也不会很大，从而使得被摄体的各个部分在所拍摄的照片中表现出来的色彩、材质和纹理等也几乎都是一样的。

散射光示意图

散射光下进行拍摄，曝光是非常容易控制的，因为散射光下没有强烈的高光亮部与弱光暗部，很容易把被摄体的各个部分都表现出来，而且表现得非常完整。但也有一个问题，由于画面各部分亮度比较均匀，不会有明暗反差的存在，因而画面影调层次欠佳，影响画面的视觉效果。所以在散射光下进行拍摄时只能通过景物自身的明暗、色彩来表现画面层次。

这张照片就是在散射光氛围下拍摄的。这种散射光非常有利于呈现景物的各种细节、纹理

2.2.3　反射光与画面特点

反射光是指光线并非由光源直接发出
照射到景物上，而是利用道具将光线进行
一次反射，然后再照射到被摄体上的。进
行反光所用道具大多不是纯粹的平面，而
是经过特殊工艺处理过的反光板，这样
可以使反射后的光线获得散射光的照射效
果，也就是被柔化了。通常情况下反射光要

反射光示意图

弱于直射光但强于自然的散射光，可以使被摄主体获得柔和的受光面。反射光最常
见于自然光线下的人像摄影，拍摄时使主体人物背对光源，然后使用反光板反
光对人物面部补光。另外在拍摄商品或静物时也经常使用到反射光。

绝大多数人像类题材中，均借助于
反光板对人物正面补光，从而可以
让画面的重点部位更有表现力

2.3　光的方向

2.3.1　顺光的特点及应用

对于顺光来说，摄影操作比较简单，也比较容易拍摄成功。因为当光线顺
着镜头的方向照向被摄体时，被摄体的受光面会成为所拍摄照片的内容，其阴
影部分一般会被遮挡住，这样就可以降低因阴影与受光部的亮度反差带来的拍
摄难度。这种情况下，拍摄的曝光过程比较容易控制，顺光所拍摄的照片中，
被摄体表面的色彩和纹理都会呈现出来，只是可能不够生动。如果光照强度很
高，被摄体还会损失色彩和表面纹理细节。顺光使被摄体亮度均匀柔和，也更

容易遮挡人物皮肤的瑕疵，而与此同时也会带来缺乏立体感和塑形感等问题，容易拍成俗话说的"大饼脸"，

顺光一般在拍摄证件照时使用较多。

顺光示意图

这张照片虽然并不是严格意义上的顺光拍摄，但因为景物距离相机比较远，影子非常短，我们可以将场景近似看成是顺光环境，那么可以看到，整个场景的色彩和细节都比较完整

顺光人像布光光位

效果图

2.3.2 侧光的特点及应用

侧光是指来自被摄景物左右两侧、与镜头朝向呈大约90°的光线。这样的光线下景物的阴影落在侧面，明暗影调各占一半。影子修长而富有表现力，景物表面结构十分明显，每一个细小的隆起处都将产生明显的影子。采用侧光进行拍摄，能比较突出地表现被摄景物的立体感、表面质感和空间纵深感，造成较强烈的造型效果。侧光在拍摄林木、雕像、建筑物表面、水纹、

沙漠等各种表面结构粗糙的景物时，能够获得影调层次非常丰富、空间效果强烈的画面。

侧光示意图　　　　　　　侧光拍摄人像布光　　　　　　　效果图

侧光拍摄人物，有利于营造特殊的情绪和氛围

2.3.3　侧顺光的特点及应用

侧顺光是指照射方向与镜头朝向成锐角夹角关系的光线，侧顺光兼具顺光与侧光两种光线的特征，既保证了被摄体的亮度，又可以使其明暗对比得当，有很好的塑形效果。侧顺光是最常见的外景婚纱照用光，也是单光源补光较理想的光线。

侧顺光拍摄出的画面具有丰富的影调和层次，不仅有利于表现人物的造型，还可以突出立体感。其应用重点是亮部和阴影部分的光比以及面积比例的掌控。

侧顺光下，人脸大面积处于受光面，所以应按亮部进行测光、曝光。如果光比过大，暗部层次缺失严重，则需要利用补光工具给暗部补光，或降低亮部光的强度。

侧顺光下拍摄的婚纱照片

2.3.4 侧逆光的特点及应用

　　侧逆光是指照射方向与照相机的拍摄方向成钝角夹角关系的光线，兼具了逆光与侧光两种光线的特征。采用侧逆光照明，被摄者面部和身体的受光面只占小部分，阴影面占大部分，人物的一侧有明显的轮廓光，能很好地表现被摄对象的立体感，获得丰富的层次。侧逆光下拍摄出的画面易产生很好的光影效果。

　　侧逆光具有很强空间感，画面层次丰富且生动活泼。缺点是容易因测光不准确而使画面曝光过度或不足。

　　使用侧逆光拍摄人像时，常常需要反光板、闪光灯等辅助照明设备以适当提高阴影面的亮度，修饰阴影面的立体层次，增强阴影部分的立体感。

侧逆光下拍摄的照片

2.3.5 逆光的特点及应用

逆光是与顺光完全相反的一类光线,是指光源位于被摄体的后方,照射方向正对相机镜头的光线。逆光下的环境明暗反差与顺光完全相反,受光部位也就是亮部位于被摄体的后方,镜头无法拍摄到,而镜头所拍摄的画面是被摄体背光的阴影部分,亮度较低。虽然镜头只能捕捉到被摄体的阴影部分,但主体之外的背景部分却因为光线的照射而成了亮部。这样造成的后果就是画面反差过大,使得在逆光下很难拍到主体和背景都曝光准确的照片。利用逆光的这种性质,可以拍摄出剪影的效果,使画面极具感召力和视觉冲击力。

逆光拍摄示意图

逆光拍摄,会让主体正面曝光不足而形成剪影。一般具有剪影的画面会让人有一种深沉、大气,或是神秘的感觉。逆光容易勾勒出主体的外观线条轮廓。当然,所谓的剪影不一定是非常彻底的,主体可以如上图所示的画面中这样有一定的细节得以显示出来,使得画面的细节和层次都能丰富漂亮

这张照片中，逆光拍摄的主体人物的边缘有明显的光线轮廓，画面有明显的明暗反差。逆光照明又被称为"轮廓照明"，是人像摄影中最讲究的用光方式之一，画面效果十分生动，且富有造型特点

逆光下拍摄的剪影画面

2.3.6　顶光的特点及应用

顶光是指来自主体景物顶部的光线，与镜头朝向成 90°左右的角度。晴朗天气里正午的太阳通常可以看作是最常见的顶光光源，另外，通过人工布光也可以获得顶光光源。正常情况下，顶光不适合拍摄人像照片，因为顶光拍摄时人物的头顶、前额、鼻头很亮，而下眼睑、颧骨下面、鼻子下面

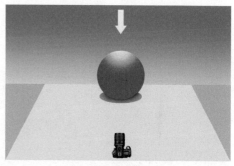

顶光拍摄示意图

则完全处于阴影之中，这会造成一种反常的奇特形态。因此，一般都应避免使用这种光线拍摄人物。

顶光拍摄人物，人物的眼睛、鼻子下方会出现明显的阴影，会丑化人物，甚至可能会营造出一种非常恐怖的气氛。拍摄时给人物戴上一顶帽子，则不仅解决了这个问题，还营造出一种优美的画面意境

　　底光也被称为脚光，是从被摄体下方从下往上投射来的光线，比如可见于城市的一些广场建筑物拍摄中。从下方投射的光线大多是作为修饰光而出现的，并且对于单个景物有一定的塑形作用。

底光向上照射，让建筑物呈现出较好的影调层次和轮廓感，显得比较立体

舞台灯光使用底光的情况也比较多，在拍摄特殊的场景时能产生奇特效果

2.4　黄金时间定律

　　风光摄影中，黄金时间段包括日出和日落两个时间段，具体是指日出（日落）之前 30 分钟到日出（日落）之后 30 分钟的时间段。在这个时间段中，正如我们之前所介绍的，太阳光线强度较低，摄影师比较容易控制画面的光比，可以让高光与暗部呈现出足够多的细节。并且此时的光线色彩感比较强烈，能够为画面渲染上比较浓郁的暖色调或冷色调。这个时间段拍摄出的照片，无论色彩、影调，还是细节都比较理想，所以说是进行风光摄影创作的黄金时间。

秋季的坝上，即便只是下午 4 点多钟，太阳光线已有充分的暖意，让画面的氛围充满温馨

太阳接近地平线时，即便是逆光拍摄，也可以看到画面整体的光比已经到了相机能够承受的程度，最终让画面表现出足够的细节

日落之后，余晖将整个天空渲染上了迷人的霞光

日落后十几分钟，蓝调时刻的城市，画面呈现出冷暖对比的效果，色调非常迷人

2.5　夜晚的弱光摄影

夜晚无光

首先来看夜晚有哪些适合拍摄的题材。通常，我们所说的夜晚主要是指太阳完全沉入地平线之后的一段时间，尤其是日落后 1 小时到日出前 1 小时的这段时间。此时没有太多天空光线的照射，几乎是纯粹的夜光环境，这就是我们所说的夜晚。

没有月光的夜晚，郊外或山区适合拍摄的题材主要是天空的天体以及星轨。近年来比较流行的夜晚无光的拍摄题材主要是银河。拍摄银河往往需要我们对相机进行一些特殊的设定，并且对相机自身的性能也有一定要求，比如要求高感光度、大光圈、长时间曝光拍摄，但一般曝光时间不宜超过 30 秒。镜头大多使用广角、大光圈的定焦或变焦镜头，感光度通常设定在 ISO 3000 以上，从而能够不仅将银河的细节拍摄得比较清晰，还能让地景也有一定的光感，呈现出足够多的细节。这种将夜空中银河能够拍摄清楚的照片让观者体会到自然的壮阔和星空之美。当然要想表现银河，距离城市过近是不行的，需要在光污染比较少的山区或是远郊区进行拍摄。另外还需要在适合拍摄银河的季节进行拍摄，在北半球主要是指每年的 2 月底到 8 月底。虽然在从 9 月到来年 1 月的这段时间里也可以拍摄到银河，但却无法拍摄到银河最精彩的部分，因为银河最精彩的部分在地平线以下。只有 2 月到 8 月这段时间，对于北半球来说银河最精彩的部分才在地平线以上，所以这段时间更适合在北半球拍摄银河照片。

无月的夜晚，在每年的 2 月底到 8 月底拍摄，银河能呈现出迷人的色彩和细节

月光之下的星空

有月光照射的夜晚，我们一般来说就没有办法拍摄银河，因为银河本身的亮度并不高，在月光的映衬之下很难在照片中表现出来。但是有月光时拍摄星轨是比较理想的，因为在有月光的环境中，拍摄出的天空往往是比较纯粹的蓝色，整体显得非常干净深邃。并且很多暗星被月光照射而不可见，最终拍到的照片中地景明亮天空深邃幽蓝，而星体的疏密也比较合理，整体画面就会得到比较好的效果。可以看到在如下图所示的这张照片中，地面景物有月光的照射，天空是比较深邃的蓝色，星体疏密也比较合理，画面整体效果就比较理想。

有月光照射的夜晚，许多暗星无法呈现，这时拍出的星轨疏密得当，效果很好

第3章

摄影中的色彩运用

　　摄影作品中的色彩运用通常分为两个层面的理解,其一,是追求色彩的还原,从而达到真实再现自然景物的目的;其二,是对色彩进行一定的艺术加工,适度地进行夸张、减弱、偏色甚至消除等调整,从而体现出摄影创造者的个性化表达。无论是色彩真实还原,还是色彩调整,其实都没有绝对的对错区分,重点都在于作品能否真正表达出作者的创作思想和主题。

　　当然,对于色彩的运用,前提是对色彩的要素、属性及相互关系等有最基本的了解。

3.1 色彩三要素在摄影中的应用

　　色彩是一种涉及光线、景物与视觉的综合现象,即人类对于色彩的感觉受三个因素影响。首先光谱本身有颜色,是客观存在的,这是决定性因素;物体具有不同的属性,会吸收或是反射不同的光谱,从而决定了其自身的色彩;视觉是指物体反射的光线入射到人眼中后,人能否将其色彩正确地识别出来。

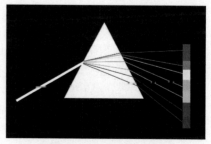

光线透过三棱镜后分解成七色光

用一束光线照射三棱镜，因为三棱镜对光线中不同光谱的折射率不同，所以使光线分离，形成了红、橙、黄、绿、青、蓝、紫这7种色彩的光线。而我们看到的景物色彩，正是由于光线的照射而形成的，从这个角度看，色彩的源头就是光线。

日落时分，波长较短的蓝、紫等光线被反射和吸收掉了，更长一些的红黄等光线照射到地面，所以整个环境色彩都非常暖

3.1.1　色相

日常所称的色彩名即为色相，如洋红、深蓝、金黄等就是指不同的色相。色相是色彩的首要特征，是区别各种不同色彩的最准确的标准，事实上任何黑白灰以外的颜色都有色相的属性。

3.1.2　饱和度（纯度）

色彩饱和度也被称为色彩纯度，是指某色彩中包含该色彩的标准色成分的多少。纯度高的颜色色感强，所以纯度又是色彩感觉强弱的标志。

一般来说，高纯度的纯色比较艳丽，容易引起人的视觉兴奋，色彩的心理效应明显；中纯度色彩的物体会给人丰满、柔和、沉静的感觉，能使视觉持久注视；低纯度基调的色彩容易使人产生联想。

色彩纯度的差异主要由以下两个方面决定，摄影者可以根据拍摄环境的光线条件等进行调整和运用。

（1）加白：纯色中混合白色，可以降低纯度、提高明度，同时各种色混合白色以后会产生色相偏差。

（2）加黑：纯色色彩混合黑色既可以降低纯度，还可以降低明度，各种颜色加黑后，会失去原有的光亮感，而变得深沉、幽暗。

如右图所示，可以看到近处农田的绿色因为加白或加黑而产生了不同的色彩纯度和明暗变化，从而让层次变得更加丰富，不再显得单调

3.1.3　明度

明度是指不同色彩之间或同一种色彩不同的明暗差别，即深浅差别。从色彩明度的定义来看，包括两个方面：一是指不同色彩之间的明暗不同，如在人的视觉效果上看，黄色就比蓝色的亮度高，即明度高；二是指同一种色彩不同的浓淡程度，如粉红、大红、深红，虽然都是红色，但颜色越来越浓重，即明度越来越低。比较常见的颜色中，黄色的明度最高，紫色的明度最低，橙和绿、红和蓝的明度相近。

3.2　不同色系的画面特点

红色系代表爱意、热烈、热情、力量、浪漫、警告、危险等情感信息，是一种非常强烈的色彩表现，容易引起人们的注意。在中国，红色通常是喜庆的象征，在传统婚礼、欢庆场合较为常见，能够传达出热烈的感觉；日常生活中，红色还代表警告、禁止等含义，如道路交通中的红灯禁行；摄影作品中的红色用以表达热烈或是浪漫的感觉，如人像作品中红得热烈，花卉风景作品中红得烂漫。

红色具有某些象征意义，此外这个色系的摄影作品往往能够传达出比较热烈的情感

　　橙色是介于红色与黄色之间的混合色，又称为橘黄色或橘色，通常能够传递出温暖、活力的感觉。因为与黄色相近，所以橙色经常会让人联想到金色的秋天，是一种能让人感觉到收获、富足、快乐和幸福的颜色。橙色代表的典型意义有明亮、华丽、健康、活力、欢乐，有时也会传达出极度危险的感觉。

橙色系的摄影作品往往会在热烈的情绪中透露着危险的信息

　　黄色系可传达出明快、简洁、活泼、温暖、健康与收获等情感。在中国，黄色还代表着贵重与权势。黄色是非常靓丽的色调，在很多时候都能给人一种眼前一亮、豁然开朗的感觉。春季油菜花田的黄是非常明快与轻松的，而秋季更是黄色调具代表意义的季节，象征着收获与成功的喜悦。

黄色可以表现出丰收、满足、幸福等感觉

　　绿色系代表自然、和谐、安全、成长、青春与活力等情感。自然界除冬季外，春夏秋季节中最为常见的均是绿色。春季的淡绿代表成长与活力，夏季的绿色传达出浓郁的气息，秋季的黄绿色则象征着自然的过渡。绿色往往并不是单独呈现的色彩，与红色搭配会非常完美，与其他色调搭配使用时要注意画面的协调与美感。

夏季的绿色深浅不一，但整体显得非常协调，给人一种生机盎然的感觉

青色系是自然界中比较少见的一类颜色，多为人工合成的颜色，如墙体、装饰物等被调和成的青色。拍摄时如果白平衡拿捏不准，容易将蓝色的天空错误地还原成青色，不过也有一些摄影师故意"错用"白平衡或通过后期处理照片而故意将天空调为青色，以给人一种青涩、自由的感觉。

青色系的摄影作品可以表现出一种自由、萌动、青涩的感觉

蓝色系代表专业、深邃、理智、宁静等情感，比如计算机软件公司网页或是 Logo 常会选择以蓝色调为主，意图表达出专业与理智的感觉。而天空的深蓝又代表了深邃与宁静，蓝色调的大海也能传达出深邃与宁静的感觉。在拍摄时，要注意白平衡的调整，否则拍摄天空时经常会有泛青的色偏效果。

蓝色系的风光画面往往会显得非常干净，能够让人平静下来

紫色系的画面，容易让人产生神秘或是高贵的心理感受。

从如上图所示的照片可以看到，通过将原本是红色的杜鹃花处理为紫色，
让画面变得更为神秘

3.3 相邻色与互补色

互补色与画面的关系

色相环构建的圆形当中，任意两种成180°的颜色是互为互补色的，例如从色相环中可以看到黄色与蓝色为互补色、红色与青色为互补色、绿色与洋红为互补色等。

在摄影领域，摄影师在拍摄时，会特意寻找互补配色的景物，这样拍摄出的画面会给人以强烈的视觉效果，也就是说画面的视觉冲击力更强一些。

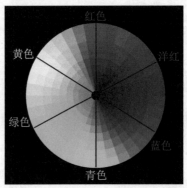

主要的互补色关系图

蓝色天空与黄色地景互为互补色

小贴士

洋红的花朵与绿色枝叶，蓝色的天空与黄色的沙漠，都是非常典型的互补配色，能够极大地吸引欣赏者的注意力。

相邻色与画面的关系

色相环中,两两相邻的色彩互为相邻色。按照红橙黄绿青蓝紫这个排列关系,那么红色与橙色为相邻色、黄色与绿色为相邻色……从而形成了一系列的相邻配色方式。

以相邻色进行配色的照片,画面整体会给人一种舒适、平缓、自然的视觉感受。

绿色与黄色是相邻色,当这两种色彩混杂在一起时,能让人感觉画面的色彩非常协调、自然

日落或是日出时分,天空中的霞云及太阳周围,往往会形成红色、橙色及黄色这样的相邻色配色,这样的色彩组合给人非常自然协调的感受

照片冷暖怎样搭配

色彩的冷暖也非常容易区分，色相环的上半部分为暖色调区域，下半部分为冷色调区域。暖色调照片不仅能表现出浓郁、热烈、饱满的情感，还可以表现出幸福、丰收等感觉。冷色调照片往往会让人感觉到理智、平静，最典型的如蓝色系照片，但在拍摄时如果运用不合理，则容易让人产生压抑、沉闷的感觉。

同一画面中，若想要实现冷暖色调互相搭配，则可以采用一种比较常见又很方便易行的方式，即大片的冷色调辅以小区域的暖色调进行搭配，营造出冷暖对比的效果。

冷暖对比配色的画面

3.4　色不过三

摄影作品中，对色彩的控制，其实就是让画面干净。如果画面中色彩繁杂，将不利于突出主体景物，更不利于强化主题。初学者千万不要想着保留下所拍摄场景所有漂亮的色彩，这样做会让你的拍摄失败。

在拍片时，应该记住这样一个规律：色不过三。这并不是说照片中的色彩一定不能超过三种，而是要求你有这样的一个概念，即色彩不宜过多过杂。

如上图所示，其实际场景中色彩是比较多的，远不止三种，但通过后期统一调色，将色彩分为冷暖两大类，让画面整体氛围浓郁，并且非常干净

第4章

视频的基本概念

本章重点讲解视听语言与视频基本概念。短视频是视频的一种形式，所以本章会介绍视频的构成元素、理论与基本概念。掌握这些基本概念，会对后续的视频拍摄及制作有很大的帮助。

 4.1 帧、帧频与扫描方式

在描述视频属性时，我们经常会看到 1080i/50Hz 或是 1080p/50Hz 这样的参数。

短片记录尺寸设定：界面 1

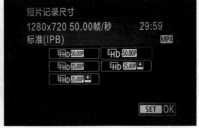

短片记录尺寸设定：界面 2

首先这里明确一个原理，即视频是由一幅幅静态图像构成的。通过这些静态图像持续、快速地显示，最终以动态的视频的方式呈现。

　　视频实现传播的基础是人眼的视觉残留特性。每秒连续显示 24 幅以上的不同静态画面时，人眼就会感觉图像是连续运动的，而不再认为它们是一幅幅静止的画面。因此从再现活动图像的角度来说，图像的刷新率必须达到 24Hz 以上。这里，一幅静态画面称为一帧画面，24Hz 对应的是帧频，即一秒显示 24 帧画面。

　　24Hz 是能够流畅显示视频的最低值，实际上，帧频要达到 50Hz 以上才能消除视频画面的闪烁感，此时视频的显示效果会非常流畅、细腻。所以，当前我们看到很多摄像设备具备 60Hz、120Hz 等超高帧频的参数性能。

60Hz 的视频画面截图，可以看到画面比较清晰

24Hz 的视频画面截图，可以看到画面不太清晰

在视频性能参数中，i 与 p 代表的是视频的不同的扫描方式。其中，i 是 Interlaced 的首字母，表示隔行扫描；p 是 Progressive 的首字母，表示逐行扫描。多年以来，广播电视行业采用的是隔行扫描，而计算机显示、图形处理和数字电影则采用逐行扫描。

构成影像的基本单位是像素，但在传输时并不以像素为单位，而是将像素串成一条条的水平线进行传输，这便是视频信号传输的扫描方式。1080 表示将画面由上向下分为 1080 条由像素构成的线。

逐行扫描是指同时将 1080 条扫描线进行传输。隔行扫描则是指将一帧画面分成两组，一组是奇数扫描线，一组是偶数扫描线，分别传输。

相同帧频条件下，逐行扫描的视频，画质更高，但传输视频信号需要的信道更宽。所以在视频画质下降不是太多的前提下，宜采用隔行扫描的方式，一次传输一半的画面信息。与逐行扫描相比，隔行扫描节省了传输带宽，但也带来了一些负面影响。由于一帧是由两场扫描交错构成的，因此隔行扫描的垂直清晰度比逐行扫描低一些。

视频画面截图

逐行扫描第一组扫描线

逐行扫描第二组扫描线

4.2　分辨率

分辨率，也常被称为图像的尺寸和大小，指一帧图像包含的像素多少。分辨率的大小直接影响了图像大小：分辨率越高，图像越大；分辨率越低，图像越小。

常见的分辨率如下。

4K：4096 像素 ×2160 像素，超高清。

2K：2048 像素 ×1080 像素，超高清。

1080p：1920 像素 ×1080 像素，全高清（1080i 是经过压缩的）。

720p：1280 像素 ×720 像素，高清。

通常情况下，4K 和 2K 常用于计算机剪辑；而 1080p 和 720p 常用于手机剪辑。1080p 和 720p 的使用频率较高，因为其容量会小一些，手机编辑起来会更加轻松。

4K 分辨率的视频画面清晰度较高

720p 分辨率的视频画面清晰度不太理想

4.3 码率

码率，全称 Bits Per Second，指每秒传送的数据位数，通俗一点理解就是取样率，常见单位有千位每秒和兆位每秒。码率越大，单位时间内取样率越大，数据流精度就越高，视频画面就越清晰，画面质量也越高。

小贴士

码率影响视频的体积，帧频影响视频的流畅度，分辨率影响视频的大小和清晰度。

4.4 视频格式

视频格式是指视频保存的格式，常见的视频格式有 MP4、MOV、AVI、MKV、FLV/F4V、WMV、RealVideo 等。

这些不同的视频格式，有些适合于网络播放及传输，有些适合在本地设备中以特定的播放器进行播放。

4.4.1 MP4

MP4 是一种使用 MPEG-4 编码的非常流行的视频格式，许多电影、电视视频格式都是 MP4。MP4 格式的特点是压缩效率高，能够以较小的体积呈现出较高的画质。

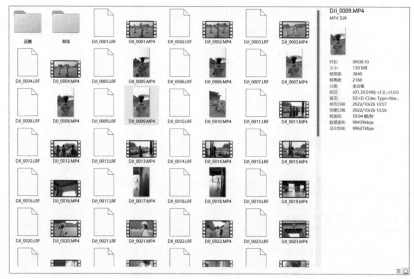

MP4 格式视频的大致信息

4.4.2 MOV

MOV 格式是由苹果公司开发的一种音频、视频文件格式，也就是平时所说的 QuickTime 影片格式，常用于存储音频和视频等数字媒体类型。

MOV 格式文件的优点是影片质量出色，数据传输快，适合视频剪辑制作；缺点是文件较大。随着技术不断发展，当前 MOV 格式整体的画质与压缩效率已经接近 MP4 格式，只是普及度不如 MP4 高。

13 秒时长的 MP4 格式文件大小　　13 秒时长的 MOV 格式文件大小

4.4.3 AVI

AVI 格式是由微软公司在 1992 年发布的视频格式，是 Audio Video Interleaved 的缩写，意为音频视频交错，是最悠久的视频格式之一。

AVI 格式调用方便、图像质量好，但体积往往会比较庞大，并且有时候兼容性较差，有些播放器无法播放。

4.4.4 MKV

MKV 格式是一种多媒体封装格式，有容错性强、支持封装多重字幕、可变帧速、兼容性强等特点，是一种开放的、标准的、自由的容器和文件格式。

从某种意义上来说，MKV 只是个壳子，它本身不编码任何视频、音频，但它足够标准、足够开放，可以把其他视频格式的特点都装到自己的壳子里。

4.4.5 FLV/F4V

FLV 是 FLASH VIDEO 的简称，其实就是曾经非常火的 flash 文件格式。它的优点是视频体积非常小，特别适合经网络播放及传输。

F4V 格式是继 FLV 格式之后，Adobe 公司推出的支持 H.264 编码的流媒体格式，F4V 格式比 FLV 格式的视频画质更清晰。

MKV 格式视频的大致信息

FLV 格式视频的大致信息

4.4.6 WMV

WMV（Windows Media Video）格式是一种数字视频压缩格式，是由微软公司开发的一种流媒体格式。WMV 格式的主要特征是同时适合本地和网络播放，并且具有支持多语言、扩展性强等特点。

WMV 格式显著的优势是在同等视频质量下，WMV 格式的文件可以边下载边播放，因此很适合在网上播放和传输。

4.4.7　RealVideo

RealVideo 格式是由 RealNetworks 公司开发的一种高压缩比的视频格式，扩展名有 RA、RM、RAM、RMVB。

RealVideo 格式主要用来在低速率的广域网上实时传输视频影像。用户可以根据网络数据传输速率的不同而采用不同的压缩比率，从而实现影像数据的实时传送和实时播放。

RMVB 格式视频的大致信息

4.4.8　ASF

ASF 是 Advanced Streaming Format 的缩写，意为高级串流格式，是微软公司为了与 RealNetworks 公司的 RealVideo 格式竞争而推出的一种可以直接在网上观看视频的文件压缩格式。ASF 使用了 MPEG-4 的压缩算法，压缩率和图像的品质效果都不错。

 ## 4.5　视频编码

视频编码是指对视频进行压缩或解压的方式，或者是对视频格式进行转换的方式。

压缩视频体积，必然会导致数据的损失，如何在损失最少数据的前提下尽量压缩视频体积，是视频编码的第一个研究方向；第二个研究方向是通过特定的编码方式，将一种视频格式转换为另外一种格式，如将 AVI 格式转换为 MP4 格式等。

视频编码主要有两大类：MPEG 系列和 H.26X 系列。

4.5.1　MPEG 系列（由国际标准组织机构下属的运动图像专家组开发）

1. MPEG-1 第二部分，主要应用于 VCD，也可应用于在线视频。该编解码器的体积大致上和原有的 VHS 相当。

2. MPEG-2 第二部分，等同于 H.262，主要应用于 DVD、SVCD 和大多数数字视频广播系统和有线分布系统中。

3. MPEG-4 第二部分，可以应用于网络传输、广播和媒体存储。相比于 MPEG-2 和第一版的 H.263，它的压缩性能有所提高。

4. MPEG-4 第十部分，技术上和 H.264 是相同的标准，有时候也被称作"AVC"。在运动图像专家组与国际电信联盟合作后，诞生了 H.264/AVC 标准。

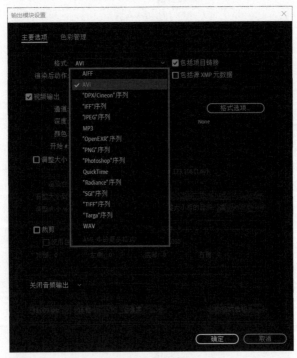

编码格式设置界面

4.5.2　H.26X 系列（由国际电信联盟主导）

1. H.261，主要在老的视频会议和视频电话产品中使用。

2. H.263，主要用在当前的视频会议、视频电话和网络视频中。

3. H.264，是一种视频压缩标准，一种被广泛使用的高精度视频录制、压缩和发布格式。

4. H.265，是一种视频压缩标准。其不仅可提升图像质量，同时还可达到 H.264 格式的两倍压缩率，可支持 4K 分辨率，并且最高分辨率可达到 8192 像素 ×4320 像素（8K 分辨率），这是目前的发展趋势。

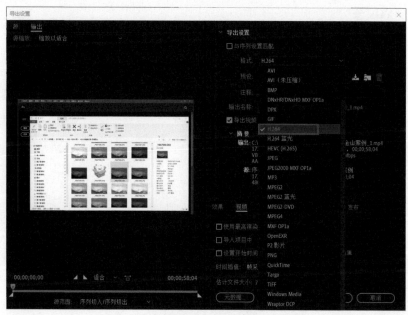

设置 H.264 视频编码格式

4.6　视频流

我们经常会听到"H.264 码流""解码流""原始流""YUV 流""编码流""压缩流""未压缩流"等叫法，实际这是区别视频流是否经过压缩的称呼。

视频流大致可以分为两种，即经过压缩的视频流和未经压缩的视频流。

4.6.1 经过压缩的视频流

经过压缩的视频流也被称为"编码流"，目前以 H.264 为主，因此也称为"H.264 码流"。

4.6.2 未经压缩的视频流

未经压缩的视频流也就是解码后的流数据，称为"原始流"，也常常称为"YUV 流"。

从"H.264 码流"到"YUV 流"的过程称为解码，反之称为编码。

第**5**章

短视频的拍摄设备

在创作短视频的过程中，常用的拍摄设备有手机、相机、无人机等，以及这些拍摄设备的配件，例如三脚架、补光灯、稳定器等。本章将介绍短视频拍摄中会用到的几种主流的拍摄设备、配件和道具，帮助大家选择适合自己的拍摄设备，拍出属于自己的短视频大片。

5.1　手机及其配件

如果刚接触短视频拍摄，资金有限，或者对视频画质要求不高的话，不建议购买专业的相机。现在手机的摄像功能非常丰富，完全能够满足拍摄短视频的需求。只需要一部手机＋一台稳定器，就可以开始拍摄短视频了。重要的是，手机非常轻便，可以让我们"走到哪拍到哪"，随时随地记录生活的每一个精彩瞬间。

或许有人会说，自己没学过专业的视频拍摄，也不懂转场和配乐，更不会剪辑，根本拍不了好看的视频。其实，短视频拍摄并没有想象的那么难。

有些酷炫的视频看起来很难拍摄，其实操作起来并不复杂。为了让大家能用手机随时随地拍出酷炫的短视频，并能掌握手机短视频拍摄方法，下面将分别介绍苹果手机和安卓手机的录像功能，以及辅助配件的使用方法。

长焦

77 毫米焦距
3 倍光学变焦
f/2.8 光圈
Focus Pixels
六镜式镜头
OIS (光学图像防抖)

超广角

13 毫米焦距
f/1.8 光圈
更快的自动对焦
Focus Pixels
六镜式镜头

广角

26 毫米焦距
1.9 微米像素
f/1.5 光圈
100% Focus Pixels
七镜式镜头
传感器位移式 OIS

长焦、超广角、广角三合一镜头

5.1.1 苹果手机

苹果手机是市面上主流的手机品牌之一，其镜头具有色彩还原度高、光学防抖、夜景拍摄清晰、智能对焦、快速算法支持等优势。

以 iPhone 13 Pro 为例，手机配置了四个摄像头，分别是前置摄像头、长焦镜头、超广角镜头和广角镜头。前置 1200 万像素摄像头，后置 1200 万像素镜头，满足使用一部手机在多种环境下的拍摄需求。

打开相机，可以看到苹果系统的拍摄界面简单明了。选择"视频"，点击"录制"按钮即可开始视频的录制；再次点击"录制"按钮即可停止录制。使用延时摄影、慢动作等功能可以给短视频拍摄提供不同的画面风格和思路。

进入相机的设置界面，可以设置录制视频的格式、分辨率和帧率，还可以开启 / 关闭录制立体声。

苹果手机的录像界面

相机设置界面

5.1.2　安卓手机

市场上的安卓手机涵盖多种手机品牌，为了满足专业摄影师的摄影摄像需求，各安卓手机品牌争先恐后地开发出了颇为全面的录像功能。

以荣耀 70 为例，其前后共搭载有四个摄像头，其中后置摄像头为 5400 万像素视频主摄 +5000 万像素超广角微距主摄，前置摄像头为 3200 万像素 AI 超感知主摄，支持手势隔空换镜。

荣耀 70

荣耀 70 系统自带的录像功能较苹果手机更为丰富多样，除了常规的录像功能之外，荣耀 70 还提供了多镜录像功能，以及慢动作、延时摄影、主角模式和微电影等功能，极大地丰富了拍摄手法的多样性。

荣耀 70 的录像界面

设置界面

使用多镜录像功能可以双屏录制视频，并且可以随时在前／后、后／后、画中画镜头之间进行切换。

多镜录像（画中画）界面

前/后　　后/后　　画中画　　后　　前

多镜录像功能的镜头切换

使用主角模式可同时输出两路视频画面，包括主角画面和全景画面。两路视频画面都支持 1080p 高清、美颜效果和 EIS 防抖算法。

主角模式界面

进入相机的设置界面，同样可以设置视频的分辨率和帧率，还可以开启／关闭隔空换镜功能。

相机设置界面

5.1.3　蓝牙遥控器

尽管大多数手机都自带手势拍照、声控拍照、定时拍摄功能，但有时也会因为距离太远而拍摄失败。在这种情况下，手机蓝牙遥控器能够很好地解决这一问题，方便我们自拍视频。只需将蓝牙遥控器和手机连接成功，在支持的距离内按下蓝牙遥控器上的快门按钮，就能够开始视频的录制了。

这种远距离控制手机进行视频拍摄的方法，适用于无人帮忙、拍摄空间狭窄等情况，以便视频拍摄更加轻松、自如。

手机蓝牙遥控器

5.1.4　手机三脚架

拍摄固定镜头时，若手持拍摄画面不够稳定，则需要搭配防抖设备，这时就可以使用手机三脚架来达到固定手机的目的。市面上常见的手机三脚架类型有以下几种：桌面三脚架、八爪鱼三脚架、专业三脚架等。

桌面三脚架具有尺寸小、稳定性强的优势。材质有金属、碳纤维和塑料等，多用于室内场景。

八爪鱼三脚架尺寸较小，脚管是柔性的，可以弯曲绑在栏杆等物体上，使用比较方便。相较于桌面三脚架，八爪鱼三脚架的稳定性有所欠缺。

专业三脚架有伸缩脚架、云台、手柄等部件，脚架高度可随意调节，手柄可 360° 旋转，多用于室外场景。

桌面三脚架　　　　　　　八爪鱼三脚架　　　　　　　专业三脚架

购买手机三脚架时需要注意支架高度、承重度和防抖性能等问题。

支架高度：在购买手机三脚架时，需要根据自己的需求和摄影对象来考虑支架高度。例如在拍摄风景、人像等类型的视频时，就需要选择高一些的支架；而在桌面拍摄讲解类的短视频时，矮一些的桌面三脚架更合适。

承重度：承重度越高，手机三脚架越稳定。一般来说，金属材质的支架承重度会高一些，但这类金属材质的支架往往要昂贵一些，而塑料材质的支架则便宜很多。

防抖性能：从某种意义上说，支架的防抖性能与承重度是成正比的，承重度越高的支架，防抖性能越好。对于拍摄照片来说，防抖性能可能没那么重要，但对于拍摄视频来说，防抖性能越好的支架越值得购买。

不要以为只要有三脚架就可以固定手机了，实际上，在手机与三脚架之间还需要几个附件来连接：一个是手机夹，用于夹住手机；一个是快装板，要将其安装在三脚架上，再通过快装板来连接手机夹。

快装板

手机夹

5.1.5　手机稳定器

使用大疆（DJI）的四代或者五代手机稳定器，足够完成一条视频的拍摄。设备足够轻巧，一部手机＋一台手机稳定器，到哪里都可以进行记录。使用手机稳定器能够在视频拍摄的过程中减少手机的抖动，使拍摄出来的视频画面更稳定。

手机稳定器具有多种功能。以 DJI OM 5 为例，它采取磁吸式固定手机的方式，可轻松将手机安装于稳定器上；三轴增稳云台设计让拍摄画面更加抗抖，即便拍摄运动场景，画面也能保持稳定；内置延长杆可延长 21.5cm，将自拍杆和稳定器进行了融合。

拍摄指导功能（需下载配套 App）可以智能识别场景，推荐合适的拍摄手法及提供教学视频，还能根据所拍素材智能推荐一键成片，让记录、剪辑、成片一气呵成。

手机稳定器

App 拍摄界面图

智能跟随模式（需下载配套 App）可智能识别选定的人物、萌宠，使被摄主体始终位于视频画面的居中位置。

智能跟随模式示意图

此外，DJI OM 5 还具备全景拍摄、动态变焦、延时摄影、旋转拍摄模式、Story 模式等辅助模式，让拍摄更加轻松。

5.1.6　手机灯具

可调节式摄影灯

相对来说，可调节式摄影灯是摄影中最常见的灯具之一，主要用于补光。它并不是视频拍摄的专用灯具，常用于影棚内拍摄。这种摄影灯可用于调节冷光、暖光、柔光和散射光等。不同功能的摄影灯，价格也不一样，大家可以根据自己的摄影需求选择不同的摄影灯。

影棚内常用的摄影灯

直播灯

直播灯是一种常用于网络直播补光的灯具，小巧、便携，补光柔和、均匀。在拍摄短视频时，可以使用这种操作简单、性价比高的灯具。一般来说，使用直播灯可以让人物皮肤更显白皙。

直播灯

5.1.7　其他辅助道具

其他辅助道具包含柔光板、反光板、吸光布、烟饼和摄影箱等。

柔光板

柔光板的主要作用是柔化光线，在不改变拍摄距离和背景的情况下，阻隔主光源和被摄主体间的强光，有效减弱光线。

反光板

用灯具为场景或物体补光时，光线会让人感觉较硬，使得拍出来的画面不够柔和。这时可以使用反光板，将灯光打在反光板上，借助反光板进行补光，从而使画面的光效变柔和。反光板有白色、银色、金色等多种颜色，不同的反光板材质可以营造出不同色调的反光。

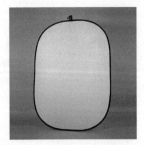

柔光板

五合一反光板

吸光布

　　吸光布的作用是吸收折射光。吸光布的表面比较粗糙，光照在上面的时候不会出现折射效果，就像把光吸收掉一样。吸光布可以更好地突出被摄主体。

借助吸光布营造黑背景效果

使用吸光布拍摄的画面效果

烟饼

烟饼的作用是增加光线制造的空间效果,增强所拍摄画面的透视关系,主要用于营造环境氛围。烟饼可以制造烟雾,让太阳光在雾里呈现光束的效果。除了用于拍摄风光意境,烟饼还经常用于拍摄仙境效果。

烟饼及烟饼燃烧示意图

没有烟雾的画面效果

添加烟雾后的画面效果

摄影箱

摄影箱可以用于拍摄静物。例如，可以把静物放在摄影箱里，由于摄影箱中的灯光比较充足，可以拍摄出静物无阴影的效果。

摄影箱

侧面打开的摄影箱

将拍摄对象放入摄影箱进行拍摄，光线充足，画面干净

 ## 相机及其配件

短视频博主常用的相机主要有运动相机、口袋相机和专业相机，除此以外还会配备相机三脚架和相机稳定器。下面会详细讲解不同拍摄器材的基本信息和优缺点。

5.2.1　运动相机

运动相机是紧凑型摄影录像一体机，易于使用，坚固耐用，具备防水、防尘、光学防抖功能，可用于拍摄第一视角的运动画面，也可用于拍摄静态图像。运动相机体积小、重量轻，适合跳伞、滑板、骑行、跑步、游泳、潜水等运动场景的拍摄。运动相机拥有丰富的配件群，可根据场景搭配不同种类的配件，也可将运动相机安装在传统相机和智能手机无法安装的地方，比如车顶、头盔上、领口、背包处，甚至宠物身上，拍摄出全新视角的视频。

运动相机

运动相机的优势在于其特殊的取景方式，会给画面带来更强的冲击力和新奇感，方便在沙漠、水底等特殊场景录制视频。不足之处主要是弱光下拍摄质量急剧下降，拍摄出来的视频噪点很多，使用场景较为受限，电池续航时间较短且无法外置电源。

在水下拍摄

以 GoPro 为例，该相机有着强大的
防抖功能，适合拍摄运动题材和旅游题
材的视频。并且其体积小巧，具有拍摄
范围广的广角镜头，自拍时能拍到身后
的环境，使用转接头还能外接麦克风。

GoPro HERO10 Black

5.2.2　口袋相机

口袋相机具有三轴的机械云台，增稳效果更佳，并且可以控制相机的转动
角度，配合内置的智能跟随功能，可用于拍摄人物、景物、美食、生活等题材
的视频。如果想挑选一款轻巧且功能强大的拍摄设备，又不想投入太多，可以
选择口袋相机。

以 DJI Pocket 2 为例，该相机能拍摄 6400 万像素照片和 4K/60Hz 视频。小
巧的三轴云台稳定性能很好，且便于携带。相机背面有一个小屏幕，自拍时能
看到自己，完全能作为很好的视频拍摄设备使用。

口袋相机

5.2.3 专业相机

如果你想制作比较专业的短视频，或者对画质有比较高的要求，可以选择专业相机作为拍摄设备。专业相机具有更强的续航能力，且能应对更极端的环境，更稳定可靠。专业相机缺点则是设计结构复杂且内部装置较多、体积较大，重量也比较重，一般都需配备专门的相机包、三脚架、防潮箱等设备。

专业相机

你可以根据自己的预算来选择合适的专业相机。

如果你希望设备操作简单，拍摄人像漂亮，可以考虑佳能 G7 X Mark II，该相机带有美颜功能，具有翻转屏，方便自拍；缺点是没有麦克风接口，收声对拍摄环境要求较高，电池续航能力比较弱。

如果你对画质有一定要求，并且有一定的剪辑能力，可以考虑索尼 ZV-1。该相机非常轻巧，能够拍摄 4K HDR、S-log3 等专业格式的视频，内置立体声收音麦克风，同时还具有侧翻屏，对焦强大稳定。值得一提的是，这台相机有产品展示功能，当有需要展示的物件靠近相机时，其能够迅速自动对焦到该物件上。

如果以上设备都不能满足你的需求，或者想要有更强大的虚化、4K、防抖、对焦、高感等功能的相机，那么可以考虑价格更高的机型，比如索尼 A7M3/A7M4/A7R3/A7R4 等。

当然，除了购置相机，还需要配置镜头、稳定器、收音麦克风、滑轨、云台、计算机等，同时要掌握后期剪辑技术。

摄影创意图

5.2.4　相机三脚架

相机三脚架的功能和手机三脚架类似，主要起到固定增稳的作用。常见的三脚架材质是铝合金和碳纤维。铝合金三脚架重量轻、十分坚固；碳纤维三脚架则有更好的韧性，重量更轻。

相机三脚架按管径尺寸可分为 32mm、28mm、25mm、22mm等规格。一般来讲，管径越大，三脚架的承重越大，稳定性越强。选择三脚架要考虑的一个重要因素就是稳定性。许多职业摄影师会在三脚架上吊挂重物，通过增加重量和降低重心来提升其稳定性。

相机三脚架

5.2.5 相机稳定器

手持相机拍摄视频时，画面会非常不稳定，让人看了头晕。为了拍摄画面的稳定，通常需要借助相关设备，例如安装相机稳定器来稳定拍摄画面。

如何正确使用稳定器？相机稳定器的使用技巧有哪些？相机稳定器的功能有哪些？下面以智云云鹤 2S 为例，介绍一下相机稳定器的使用方法和主要功能。

相机稳定器

智云云鹤 2S

首先，将相机安装在稳定器上，手持稳定器，这样拍摄的画面就非常稳定了。

其次，在将镜头推近和拉远的时候，同样手持稳定器，保证画面的稳定。

在侧面跟拍的时候，要注意手持稳定器的方向和拍摄者步伐要保证一致，避免相机画面突然晃动。

在跑步跟拍时，即使有稳定器的加持，相机画面也很难保持足够稳定，这时需要尽量使自己身体保持稳定，避免出现大幅度的晃动。

　　环绕拍摄时，单手持稳定器即可。

　　最后一个技巧，就是在镜头推近、拉远的同时旋转稳定器，可拍摄出天旋地转的画面效果。

　　智云云鹤 2S 还提供了很多进阶玩法，例如巨幕摄影、定点延时、移动延时、长曝光动态延时等。在普通拍摄的基础上使用这些进阶功能，可拍摄出更有创意的视频。

巨幕摄影

定点延时

长曝光动态延时

5.3 无人机

　　无人机也被称为飞行相机。近年来，随着无人机技术的成熟，航拍也逐渐走入大众视野。目前无人机搭载的镜头性能强大，成像效果不亚于相机。以 DJI Mavic 3 为例，该无人机采用哈苏镜头，搭配广角镜头和长焦镜头，支持 4K 画质和 4 倍变焦。相机云台自带三轴稳定器，为拍摄稳定性提供了有力的支持和保障，同时该无人机还支持一键成片、智能跟随、大师镜头、全景拍摄、延时拍摄等功能。

无人机

　　无人机拍摄的优势是可以以相机无法实现的全新角度进行拍摄，例如呈现从高空中俯瞰景色的效果。缺点在于操控技术需学习，飞行的安全法规也需要掌握，并且需要考取无人机驾照。

航拍视频画面 1

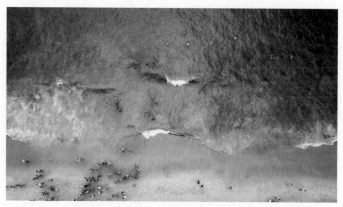

航拍视频画面 2

航拍视频画面 3

第6章

简单几招，提升视频表现力

除内容、结构等要素之外，视频画面自身的表现力，视频的播放速度、流畅度和画面明暗、平滑度等因素也是评判视频品质的重要标准。本章将介绍如何通过硬件、拍摄技术、后期调修来提升视频表现力。

6.1 保证画面的速度与稳定性

如果镜头的运动速度比较快，那么最终的视频画面切换速度也会非常快，给观者留下的反应时间亦会比较短，导致观者无法看清画面中的内容，因而这样的画面给人的观感就不够理想。所以通常来说，镜头运动的速度不宜过快，应让每一帧画面都足够清晰，这样才能更好地表现画面内容。

从下页上方的两幅照片中可以看到，如果镜头移动速度过快，画面可能是模糊的；如果镜头运动速度适中，所截取的画面就足够清晰。

 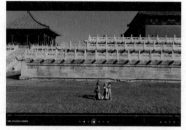

镜头移动速度过快的画面截图　　　　　　镜头移动速度适中的画面截图

拍摄运动画面时，拍摄者身体的重心会随着脚步的移动而前后或左右晃动，导致视频画面抖动，不够平稳。如果要想拍摄出非常稳定的画面，拍摄者就要确保身体重心不要有过大的运动幅度，并且要保持手部稳定。

从下图中所示的视频截图可以看出，如果在一秒内，画面出现了较大的位移，画面就会表现出非常明显的抖动，给人的观感很不好。

抖动画面的视觉效果　　　　　　　　　稳定画面的视觉效果

为了获得更稳定的画面，往往需要使用一些稳定设备，比如手机稳定器、相机稳定器或相机"兔笼"等。

手机稳定器　　　　　　相机"兔笼"　　　　装好"兔笼"的单反相机

6.2 避免视频的闪烁与脱焦

6.2.1 视频闪烁问题

如果场景光线过于复杂，那么拍摄的视频画面就有可能频繁出现明暗闪烁，导致视频画质下降。比如，场景中有乌云或遮挡物出现在光源前，会导致相机或手机的测光出现问题，使得拍到的视频画面会频繁出现闪烁。

此外，在拍摄从天亮到天黑或是从天黑到天亮的延时画面时，相机或手机在拍摄过程中会调整曝光，视频画面也会出现闪烁。

从如下图和下页图所示的案例可以看到，乌云在明亮的星体前移动，画面出现了明显的闪烁。

闪烁严重的延时视频画面1

闪烁严重的延时视频画面 2

　　要防止视频画面的闪烁，就要在前期对曝光进行锁定。

　　但在拍摄日转夜或者夜转日的延时画面时，是不能锁定曝光的。如果视频画面出现了闪烁，就需要后期"去闪"。

　　一种比较简单实用，且适合大部分用户的方法是对拍摄完成的视频直接利用插件进行"去闪"。经过 2~3 次"去闪"处理之后，就能得到明暗过渡平滑的画面效果，常用的插件有 DEFlicker、LRTimelapse 等。

在 Adobe After Effects 软件中借助 DEFlicker 插件"去闪"

两次"去闪"后的视频画面

如果使用单反相机等设备拍摄延时视频的话，原始素材是一系列的 RAW 格式照片，此时就可以借助特定的软件对 RAW 格式照片进行"去闪"，最终将"去闪"后的照片序列加载为视频。

在 Lightroom 软件中对素材进行批量处理

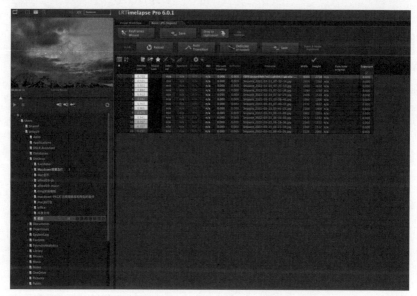

借助 LRTimelapse 软件对素材进行"去闪"处理

6.2.2 视频脱焦问题

影响视频表现力的另外一个因素是脱焦。如果拍摄的视频画面的对焦位置频繁发生变化，那么视频画面就会在虚实之间多次切换，给人非常不好的感觉。要解决这个问题，可以提前固定对焦位置，从而使得后续拍摄的画面就不会出现虚实的切换。比如在拍摄人物时，前景有遮挡物，如果不提前将对焦位置固定在人物脸部，那么在拍摄过程中画面可能就会对焦在前景而不是主体人物上。

对焦位置在前景，人物虚化　　　　在手机屏幕上点击人物面部固定对焦位置

如果使用相机拍摄，可以提前设定自动对焦，然后设定为人脸对焦模式，从而可以确保对焦位置一直在人物面部上。当然，前提是相机的运动速度不能过快，否则相机可能来不及对焦，出现脱焦问题。

相机镜头的对焦滑块（锁定时要拨到 MF 一侧）　设定人脸探测（即人脸对焦模式）

　　此外，如果拍
摄距离过近，那么
无论是用手机还是
相机拍摄，画面都
会因小于最近对焦
距离而脱焦。

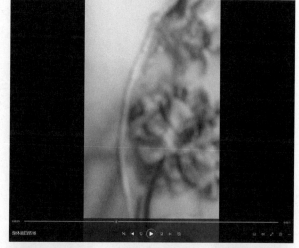

器材与被摄主体距离
过近，无法对焦

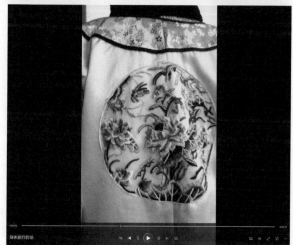

距离拉远后，能够基本
清晰对焦

距离稍远，对焦效果更理想

　　如果镜头运动速度过快，可能出现脱焦的情况，因为器材的对焦速度有时候可能跟不上镜头运动速度。运动速度适中，才能确保理想的对焦效果。

6.3 延时视频与慢动作视频

　　在一般视频中穿插延时视频与慢动作视频，可提升视频的表现力，并渲染特定的情绪氛围。本节将讲解延时视频和慢动作视频的拍摄方法。

6.3.1 延时视频

　　延时视频是一种压缩时间的拍摄技术。通常拍摄一组照片，后期通过将照片串联成视频，把几分钟、几小时甚至是几天拍摄的画面压缩为较短时间的视频。延时视频的题材通常为城市风光、自然风景、天文景象、城市生活、建筑建造、生物演化等。

　　拍摄延时视频的过程类似于制作定格动画，把多张拍摄间隔时间相同的图片串联起来，合成一个动态的视频，以变化明显的影像展现景物低速变化的过程。比如从日落前 2 小时开始拍摄日落，直到日落后 1 小时，在这 3 小时的期间内每隔 1 分钟拍摄一张照片，以记录太阳运动的微变，共计拍摄 180 张照片。再将这些照片串联成视频，按正常频率（每秒 24 帧）放映，使得实现在几秒之内就可展现日落的全过程。

　　拍摄延时视频的器材主要有单反相机、无反相机或无人机。拍摄方法也很简单，以单反相机为例，以等时间间隔拍摄一系列照片，注意不能手动按快门，避免造成画面抖动。如果相机不具备间隔拍摄功能，就需要外接一根快门线。同时还需要准备一个稳定的拍摄平台，比如三脚架，否则任何晃动都会造成后期视频画面的晃动。

　　在拍摄过程中需要注意以下几点。

　　（1）镜头前尽量不要出现行人或动物，以免影响整体画面美感。

　　（2）在刮风等情况下需注意三脚架的稳定，防止画面抖动或镜头倾斜。

　　（3）在高温或极寒条件下需注意设备的降温或保暖，避免设备在拍摄过程中自动关机。

　　（4）延时拍摄一般时间较久，需准备好外接电源保证电量充足。

延时视频镜头 1

延时视频镜头 2

6.3.2　慢动作视频

慢动作视频，是指画面的播放速度比常规播放速度慢的视频。为了避免播放时画面变得卡顿或跳跃，在拍摄慢动作视频时，要设定更高的帧频。

目前大多数手机都具备慢动作拍摄模式，可拍出具有慢动作效果的画面。慢动作视频画面的播放速度较慢，视频帧频可达到120fps（即 120 帧 / 秒），画面看起来也更为流畅，这称为升格。

拍摄慢动作视频时需保持手机稳定，可借助三脚架、稳定器等辅助设备来实现。拍摄慢动作视频时，对环境光的要求也较高，需要有足够的进光量来保证画面质量，在较为阴暗的环境拍摄慢动作视频，画面会模糊不清。

慢动作视频主要的拍摄题材有：动作特写、水流等。例如，使用慢动作拍摄模式对人物的五官和动作进行特写，运用低于常规物体移动的速度来展现眼睛缓慢睁开的效果。

慢动作镜头 1

慢动作镜头 2

第7章

一般镜头、运动镜头与镜头组接

镜头是视频创作领域非常重要的元素之一，视频的主题、情感、画面形式等都需要有好的镜头作为基础。因此，如何表现一般镜头、运动镜头等是非常重要的知识与技巧。

7.1 短视频镜头的拍摄技巧

7.1.1 固定镜头

固定镜头，就是摄影机机位、镜头光轴和焦距都固定不变，画面所选定的框架亦保持不变的镜头，而被摄主体可以是静态的也可以是动态的。在固定镜头中，人物和物体可以任意移动、入画出画，同一画面的光影也可以发生变化。

固定镜头画面稳定，符合人们日常的观感体验，可用于交代事件发生的地点和环境，也可以突出主体。

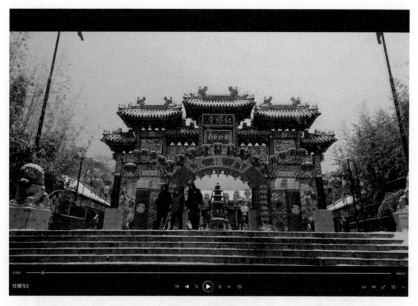

固定镜头 1：画面 1

固定镜头 1：画面 2

固定镜头 2：画面 1

固定镜头 2：画面 2

长镜头与短镜头

　　视频剪辑领域的长镜头与短镜头并不是指镜头焦距长短，也不是指摄影器材与拍摄主体距离的远近，而是指单一镜头的持续时间的长短。一般来说，单一镜头持续超过 10 秒时，可以称为长镜头，不足 10 秒则可以称为短镜头。

长镜头

长镜头更具真实性，使画面在时间、空间、气氛等方面都具有连续性，并且因此也排除了作假、使用替身的可能性。

在短视频中，长镜头更能体现创作者的水准。长镜头在一些大型庆典、舞台、自然风貌场景中运用较多。越是重要的场面，越要使用长镜头进行表现。

固定长镜头。拍摄机位固定不动，持续拍摄一个场面的长镜头，称为固定长镜头。

固定长镜头：画面 1

固定长镜头：画面 2

固定长镜头：画面 3

景深长镜头。用拍摄大景深的参数进行拍摄，使所拍场景即便是远景（从前景到后景）也能非常清晰，并持续拍摄的长镜头称为景深长镜头。

例如，拍摄人物从远处走近，或是由近走远，用景深长镜头，可以让远景、全景、中景、近景、特写等都非常清晰。一个景深长镜头实际上相当于一组远景、全景、中景、近景、特写镜头所表现的内容。

景深长镜头：画面 1

景深长镜头：画面 2

景深长镜头：画面 3

运动长镜头。用推、拉、摇、移、跟等运动镜头呈现的长镜头，称为运动长镜头。一个运动长镜头可以呈现出不同景别、不同角度的画面。

运动长镜头：画面 1

运动长镜头：画面 2

运动长镜头：画面 3

短镜头

短镜头的时长没有具体的界定范围，一般两三帧画面即可被称为短镜头。短镜头的主要作用是突出画面瞬间的特性，具有很强的表现力。短镜头多用于场景快速切换和一些特定的转场剪辑中，通过快速的镜头切换表现视频内容。例如，如下图所示的视频，整个视频拍摄过程中飘雪花这个镜头只有4秒，这就是比较典型的短镜头应用。

短镜头：画面1

短镜头：画面2

7.1.3　空镜头（景物镜头）

空镜头又称"景物镜头"，与叙事（描写人物或事件情节等）镜头相对是指不出现人物（主要指与剧情有关的人物）的镜头。空镜头有写景与写物之分，前者统称风景镜头，往往用全景或远景表现；后者又称"细节描写"，一般采用近景或特写。

空镜头常用以介绍环境背景、交代时间与空间信息、酝酿情绪氛围、过渡转场。

拍摄一般的短视频，空镜头大多用来衔接人物镜头、实现特定的转场效果或是交代环境等信息。要注意的是，用于衔接虚实镜头的空镜头并不限定只有一个。

叙事镜头 1

空镜头 1

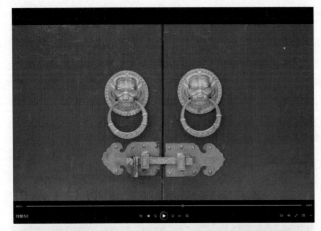

空镜头 2

叙事镜头 2

运动镜头

　　运动镜头，就是用推、拉、摇、移、跟等方式所拍摄的镜头。运动镜头可通过移动手机（摄像机）的机位来拍摄，也可通过变化镜头的焦距来拍摄。运动镜头与固定镜头相比，具有观众视点不断变化的特点。

　　运动镜头能使画面产生多变的景别和角度，形成多变的画面结构和视觉效果，更具艺术性。运动镜头会产生丰富多彩的画面效果，可使观众有身临其境的感受。

一般来说，长视频中运动镜头不宜过多，但短视频中运动镜头应适当多一些，画面效果会更好。

7.2.1　推镜头：营造不同的氛围与节奏

推镜头是摄像机向被摄主体方向推近，或通过改变镜头焦距使画面由远而近向被摄主体不断推近的拍摄方法。推镜头有以下画面特征。

随着镜头的不断推近，由较大景别向较小景别变化，这种变化是一个递进的过程，最后固定在主体上。

推近速度的快慢，要与画面的气氛、节奏相协调。推近速度缓慢，可营造抒情、安静、平和等气氛；推近速度快，则可营造紧张不安、愤慨等氛围。

下图中，镜头的中心位置是一座城堡，将镜头不断向前推近，使城堡在画面中的占比逐渐变大，使景别由大到小变化。

推镜头：画面 1

推镜头：画面 2

推镜头：画面 3

7.2.2 拉镜头：让观者恍然大悟

拉镜头与推镜头正好相反，是摄像机逐渐远离被摄主体的拍摄方法。当然也可通过变动焦距，从而与被摄主体逐渐拉开距离。

拉镜头可真实地向观者交代主体所处的环境及与环境的关系。在镜头拉开前，环境是未知的，镜头拉开后，会给观众"原来如此"的感觉。拉镜头常用于侦探、喜剧类题材的拍摄中。

拉镜头常用于故事的结尾，随着主体渐渐远去、缩小，其周围空间不断扩大，给人以"结束"的感受，赋予抒情的氛围。

运用拉镜头拍摄时，要特别注意提前观察环境，并预判镜头落幅的视角，避免最终视觉效果不够理想。

拉镜头：画面 1

拉镜头：画面2

拉镜头：画面3

7.2.3　摇镜头：替代观者视线

　　摇镜头是指机位固定不动，通过改变镜头朝向来呈现场景中的不同对象的拍摄方法，营造出有些类似于某个人进屋后眼神扫过屋内的其他人员的效果。实际上，摇镜头在一定程度上可以看作是拍摄者的视线。

　　摇镜头多用于在狭窄或是超开阔的环境内快速呈现周边环境。比如，人物进入房间内，眼睛扫过屋内的布局、家具陈列或其他人物；又如，在拍摄群山、草原、沙漠、海洋等宽广的景物时，通过摇镜头快速呈现所有景物。

　　使用摇镜头进行拍摄时，要注意拍摄过程的稳定性，否则画面的晃动会影响镜头效果。

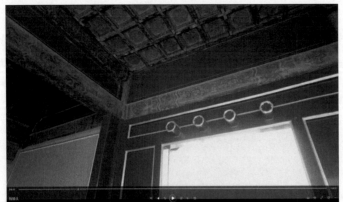

摇镜头：画面 1

摇镜头：画面 2

摇镜头：画面 3

120

7.2.4　移镜头：符合人眼视觉习惯的镜头

移镜头是指沿着一定的路线运动来完成拍摄的拍摄方法。比如，汽车在行驶过程中，车内的拍摄者手持手机向外拍摄，随着汽车的移动，视角在不断改变。

移镜头是一种符合人眼视觉习惯的拍摄方法，让被摄主体能在画面中得到展示，还可以使静止的对象运动起来。

由于需要在运动中拍摄，所以机位的稳定性是非常重要的。在影视作品的拍摄中，经常见到使用滑轨来辅助完成移镜头的拍摄，就是为了保障稳定性。

使用移镜头进行拍摄时，建议适当多取一些前景，因为靠近机位的前景运动速度会显得更快，这样可以更能强调镜头的动感。还可以让被摄主体与机位进行反向移动，从而强调速度感。

移镜头：画面 1

移镜头：画面 2

移镜头：画面 3

7.2.5 跟镜头：增强现场感

跟镜头是指机位跟随被摄主体运动，且与被摄主体保持一定距离的拍摄方法。跟镜头的画面效果为主体不变，而景物不断变化，营造出仿佛观者跟在被摄主体后面所看到的画面效果，从而增强画面的现场感。

跟镜头具有很好的纪实意义，对人物、事件、场面的跟随记录会让画面显得非常真实，在纪录类题材的视频或短视频中较为常见。

案例 1

镜头在人物身后跟随。

跟镜头 1：画面 1

跟镜头 1：画面 2

跟镜头 1：画面 3

案例 2

拍摄者作为被摄人物的同伴，在其身侧进行跟随，营造出移动的对话场景。

跟镜头 2：画面 1

跟镜头 2：画面 2

跟镜头 2：画面 3

7.2.6 升降镜头：营造戏剧性效果

相机或其他拍摄设备在面对被摄主体时，进行上下方向的运动所拍摄的画面，称为升降镜头。这种镜头可以以多个视点表现主体或场景。

速度和节奏运用合理的升降镜头，可以让画面呈现出戏剧性效果，或者可以强调主体的某些特质，比如强调主体特别高大等。

升镜头：画面 1

升镜头：画面 2

升镜头：画面 3

降镜头：画面 1

降镜头：画面 2

降镜头：画面 3

7.3 组合运镜

所谓组合运镜，是指在实际拍摄中，将多种不同的运镜方式组合起来使用并呈现在一个镜头中，最终实现某些特殊的或非常连贯的画面。一般来说，比较常见的组合运镜有跟镜头接升镜头、推镜头接转镜头接拉镜头、跟镜头接转镜头接推镜头等。当然，只要展开想象，还有更多的组合运镜方式。

下面，我们将用两个例子介绍组合运镜的实现方式与呈现的画面效果。

7.3.1 跟镜头接摇镜头

首先来看跟镜头接摇镜头。在跟镜头的同时，缓慢地摇动镜头以便视角与被摄人物视角一致，从而以主观镜头的方式呈现出画面中人物所看到的画面，给观者一种与画面中人物相同视角的心理暗示，增强画面的临场感。

参见如下图和下页中图所示的具体画面，开始是跟镜头，在跟镜头之后，镜头摇动至视角与人物视角一致，将人物所看到的画面与观者所看到的画面重合起来，增强现场感。

跟镜头：画面 1

跟镜头：画面 2

摇镜头：画面 1

摇镜头：画面 2

7.3.2 推镜头、转镜头接拉镜头

再来看第二种组合运镜，即推镜头、转镜头接拉镜头，这种组合运镜在航拍中往往被称为甩尾运镜。具体操作为在确定被摄主体之后，由远及近推镜头到足够近的位置，进行转镜头操作，将镜头转一个角度后迅速拉远，这样一推一转一拉，形成一个甩尾的动作。这样组合运镜拍摄的画面具有动感。

这里要注意，转镜头时转动速率要均匀，不要忽快忽慢；并且应保持与被摄主体的距离基本不变，不要忽远忽近，否则画面就会显得不够流畅。

推镜头：画面1

推镜头：画面2

转镜头：画面1

转镜头：画面2

拉镜头：画面1

拉镜头：画面2

第**8**章

短视频的策划与构思

本章以热门短视频平台上的高流量作品为例，分析短视频的题材、策划技巧、视频大纲、创作原理等。

8.1 热门短视频策划

短视频的制作是需要精心设计和策划的，没有经过策划的短视频就不会有高的播放量。就好比将一部长篇小说拍成一部电影，要想把小说精华在一两个小时内表达清楚，就要从众多故事情节中提炼出重点。制作短视频也是一样，要想有高播放量，就应知道一个热门视频的核心是什么。只有受众广泛、容易传播的内容，才有可能成为热门视频。另外，要留住用户，还需要设计出好的开头和好的结尾。

总之，影响视频作品质量的关键，一是选题，二是开头和结尾的设计，三是内容质量。

8.1.1 根据视频内容来选题

常规型内容

常规型内容以大众生活中常见的内容题材为背景进行展现，有故事类、情感类、励志类、娱乐类、创意类等。创作者多采用讲述故事的方式，结合对应的题材进行短视频制作，比如提升成绩、创业心得、工作吐槽、家庭关系等故事。常规型内容是当下短视频占比较大的一类。常规型内容的拍摄门槛较低，对演员、场景的要求较低，题材可以引起用户的共鸣，所以这类视频的受众较广。

常规型内容

热点型内容

热点型内容是指结合娱乐热点和新闻热点制作的短视频内容，例如突发事件、明星娱乐八卦、热点时事模仿、热点舆论分析等。热点型内容的特点是热度时间短，因而应抢在其他短视频创作者发布相似题材的内容之前制作并上传，所以把握热点的热度时间是热点型内容短视频的关键。在制作此类短视频之前可以通过查询热搜榜等方式熟悉了解该类视频的制作思路，在出现热点新闻后快速制作短视频并上传。

热点型内容

产品型内容

产品型内容主要是针对日常生活中人们会使用到的电子产品和生活产品等，进行推荐、使用功能教学、使用测评等的短视频内容。短视频对产品进行推荐和功能教学，可以引导用户进行选购，例如推荐化妆品、数码产品、家具、食品等。此类视频需结合产品的特性整理出可以吸引用户的点。产品型内容具有用户黏性强的特点，用户接受内容后会长期反复观看，所以精准定位用户群体并有针对性地进行策划显得尤为重要。

创作者在手机端可以通过例如微博 App 查看实时的热搜内容，更加细致地了解具体产品类别下的信息热度。

产品型内容

创作者在计算机端可通过百度热搜排行榜了解目前用户关注的产品内容和类型，有针对性地设计短视频内容。

百度热搜排行榜

8.1.2　短视频的策划技巧

在学习短视频策划技巧的过程中，要善于分析、善于模仿、善于改正。首先要分析高流量视频跟其他普通视频有什么区别，然后模仿高流量视频的思路梳理出剧情线，最后再对视频内容进行调整和修改，加入自己的创作思路和特色。

在上传视频后，要多多关注视频的热度，如果视频的热度忽高忽低，这时要进行分析，判断热度变低的原因。

（1）跟热度高的视频进行对比，查明自己的视频是否存在节奏不合理、扣题不够明确、无法戳中用户痛点或引起用户共鸣、标题设置不到位等问题。

（2）根据点赞数和评论区的互动内容以及从用户对视频的评价反馈中，明确用户的喜好和关注点，思考是否能在做好视频的同时迎合这部分用户的喜好。不断地分析和修改视频方向，使短视频作品满足更多用户的需求。

（3）以当前的热搜题材作为参考，多模仿此类热门视频的策划方法。

 8.2　短视频题材和数据的分析方法

本节针对短视频进行题材和数据两方面的分析，用数据做支撑，从而更好地梳理思路。

8.2.1　题材分析

对于高流量视频来说，策划是非常重要的一个环节。根据用户的喜好策划视频内容，可以给用户更好的体验感，留住更多的用户，并提高流量。

用户易聚焦、喜欢的作品具有许多共同的特点，比如言简意赅的作品、产生情感共鸣的作品、具有互动和分享性的作品。

言简意赅的作品。视频的时长不要过长，用最少的时间突出视频的主题和核心要点，让用户感觉到视频有满满的干货。可以先从人们常讨论的话题入手，进行视频的题材设计，例如催婚、工作、外卖等涉及大部分人日常生活的话题，以亲身感触的点去触动用户。

产生情感共鸣的作品。在故事中加入真实的情感，就会让用户对视频内容产生情感的共鸣，从而获得用户的好感和关注。一方面可以通过题材去渲染情感，比如拍摄感人题材的视频内容、拍摄爱国爱家园的正能量视频、拍摄互帮互助传递正能量的视频等，从而把握住可以产生情感共鸣的关键点。另一方面要注意人物的语言、表情、动作等细节，将这些细节代入故事中，就可以拍出高流量的情感共鸣作品。

具有互动和分享性的作品。互动和分享的重点是让用户赞同视频内容，在用户看到这条视频后能联想到其他事或其他人，这样才会促使用户进行互动。

8.2.2 数据分析

在选定视频创作的题材和领域后，要对此题材视频的潜在用户进行画像分析，可以借助"百度指数"工具来分析用户画像。

在百度指数中，找到要分析的领域，然后从中找到相关的用户画像。若想做萌宠类的视频内容，就可以以"萌宠"为关键词搜索相关用户信息。

萌宠类数据分析

以下是百度指数中，以"萌宠"为关键词搜索到的相关用户信息。

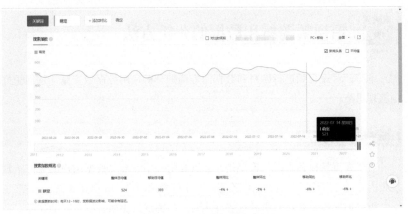

百度指数——"萌宠"的搜索指数

百度指数——"萌宠"的资讯指数

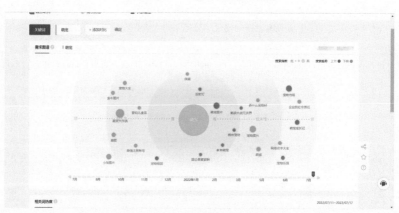

百度指数——"萌宠"的需求图谱

百度指数——搜索"萌宠"的人群地域分布

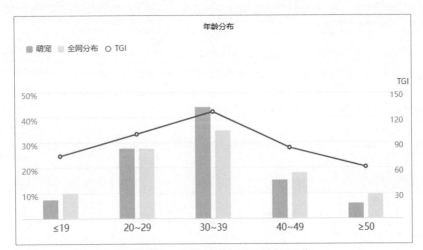

百度指数——搜索"萌宠"的人群年龄分布

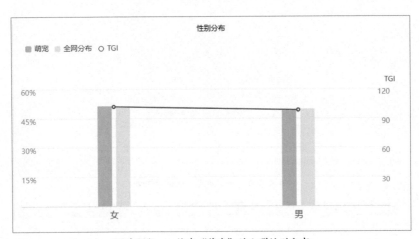

百度指数——搜索"萌宠"的人群性别分布

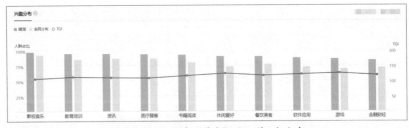

百度指数——搜索"萌宠"的人群兴趣分布

　　从用户画像中可以看出，搜索"萌宠"的用户地域排名前三分别为广东、江苏、山东，男性比例与女性比例几乎持平，年龄为 30~39 岁居多。所以，视频内容可以稍微偏向年龄在 30~39 岁的人群，投放广告时，可以以广东、江苏、山东等地为主。

旅游类数据分析

以下是百度指数中，以"旅游"为关键词搜索到的相关用户信息。

百度指数——"旅游"的搜索指数

百度指数——"旅游"的资讯指数

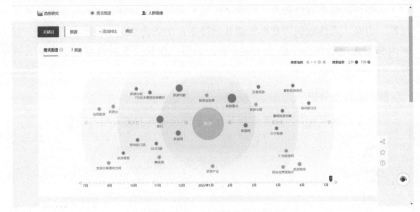

百度指数——"旅游"的需求图谱

百度指数——搜索"旅游"的人群地域分布

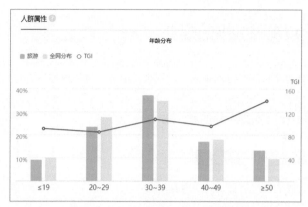

百度指数——搜索"旅游"的人群年龄分布

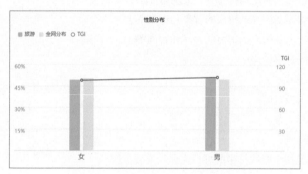

百度指数——搜索"旅游"的人群性别分布

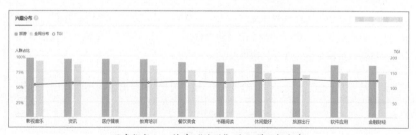

百度指数——搜索"旅游"的人群兴趣分布

　　从用户画像中可以看出，搜索"旅游"的用户地域排名前三位分别是广东、江苏、浙江，男性比例与女性比例几乎持平，年龄为 30~39 岁居多。所以，视频内容可以稍微偏向年龄在 30~39 岁的人群，投放广告时，可以以广东、江苏、浙江等为主。

8.3 短视频大纲的规划

本节讲解短视频大纲的规划。大纲规划的方法可简单表述为在拍摄前梳理一个可视化的列表，把相关的脚本、分镜、配音、字幕、时长等信息更新在可视化列表中，然后根据列表进行拍摄准备。

8.3.1 可视化列表 + 脚本

可视化列表一般会包括以下内容：

- 篇章题目；
- 镜头如何使用：特写、大场景、运镜等；
- 画面及内容：拍摄的背景和道具等；
- 角色及内容：角色的表演和台词等；
- 配音解说词；
- 字幕；
- 拍摄时间；
- 相关备注；
- 结尾。

下图是用于视频拍摄的可视化列表模板范例。

主题：《回家》							
思路：通过场景布设、服饰穿搭、演员的肢体动作以及随身带的辅助道具等诠释主题；需演员 3 人、客厅背景 1 套（包含沙发、茶几、绿植、电视、电视柜等）、演员道具（包括手机、礼盒、茶杯等）。							
镜头序号	拍摄地点	景别	拍摄手法	镜头时长	内容简述	道具	配音

8.3.2　拍摄素材的准备

做好可视化列表之后，就要进行拍摄素材的准备。依据可视化列表准备前期资料和道具，准备完成后即可开始拍摄。建议经验不足的创作者在具备脱稿筹备能力之前严格按照可视化列表中的步骤来拍摄视频，这样做可以使视频拍摄更有规划性，并且在某个环节出现问题时有相应记录，以便更好地改进和调整，避免重复劳动和时间浪费。

8.4　短视频的片头

对于短视频来说，前 5 秒的片头很重要，好的片头能一下子抓住用户的眼球。制作片头时要注意取好标题、做好封面，通过语言、背景、配乐或主题快速吸引用户的注意力，激发用户观看下去的欲望。在视频中间适当布置聚焦点，如果视频中每隔 10 秒或 20 秒就有一个聚焦点，用户就会一直被视频内容所吸引。视频的整体节奏需要在前期拍摄时进行规划和确认，避免拍到一半发现节奏不对再重拍。

以下页图中所示的短视频为例，片头前 5 秒的总结迅速扣题，吸引关心这个话题的用户一探究竟。可以看到，视频整体的重心都放在了片头，先用感兴趣的话题吸引用户，并不断引导用户。即使后面的讲述节奏趋于缓慢，也不影响用户继续看完。

案例 1：直接以提问的方式让用户想到北京最负盛名的一些地标，或者用户印象最深的一些地方，之后通过优美的视频画面对这些画面进行展示，唤起用户的共鸣。

案例 2：与案例 1 类似，以提问的方式引起用户对猴面包树的关注，以极具吸引力的话术激发用户好奇心，后续再展开内容。

热门短视频1：片头1　　热门短视频1：片头2　　热门短视频1：片头3

热门短视频2：片头1　　热门短视频2：片头2　　热门短视频2：片头3

8.5　短视频发布时间段

在黄金时间段发布短视频，会更具针对性，有助于得到更有效的推送。通常来说，短视频的黄金发布时间包括以下三个时间段。

- 6:00—9:00：上班高峰期，是搭乘公共交通使用碎片化时间的高峰期。
- 12:00—14:00：午休时间，人们乐于在排队取餐、吃饭或午休时看视频。
- 19:00—24:00：下班后的空闲时间，是看视频的黄金高峰期。

除了选择在以上黄金发布时间发布视频，还可以根据不同的短视频类型选择合理的发布时间。比如，早上 6:00—9:00 发布一些资讯、教育类的短视频，效果会更好；而到了晚间，则更适合发布娱乐类短视频。

因此，建议如下。

- 6:00—9:00：发布资讯类、教育类短视频。
- 12:00—14:00：发布内容比较有深度的短视频。
- 19:00—24:00：发布故事类和娱乐类短视频。

在线学习更多系统视频和图文课程

如果读者对人像摄影、风光摄影、商业摄影及数码摄影后期处理（包括软件应用、调色与影调原理、修图实战等）等知识有进一步的学习需求，可以关注作者的百度百家号学习系统的视频和图文课程，也可添加作者微信（微信号381153438）进行沟通和交流，学习更多的知识！

百度搜索"摄影师郑志强 百家号"，之后点击名为"摄影师郑志强"的百度百家号链接，进入"摄影师郑志强"的百家号主页。

在"摄影师郑志强"的百家号主页内，点击"专栏"，进入专栏列表即可深入学习更多视频和图文课程。